EUL VERLAG

Reihe: Marketing, IT und Social Media · Band 5

Herausgegeben von Prof. Dr. Stefanie Regier, Karlsruhe

Kevin Krüger
Prof. Dr. Stefanie Regier

Marken in Social Networks

Eine empirische Untersuchung im Konsumgüterbereich

EUL VERLAG

Bibliografische Information der Deutschen Nationalbibliothek

Die Deutsche Nationalbibliothek verzeichnet diese Publikation in der Deutschen Nationalbibliografie; detaillierte bibliografische Daten sind im Internet über <http://dnb.d-nb.de> abrufbar.

ISBN 978-3-8441-0123-2
1. Auflage Januar 2012

JOSEF EUL VERLAG GmbH
Brandsberg 6
53797 Lohmar
Tel.: 0 22 05 / 90 10 6-6
Fax: 0 22 05 / 90 10 6-88
E-Mail: info@eul-verlag.de
http://www.eul-verlag.de

Bei der Herstellung unserer Bücher möchten wir die Umwelt schonen. Dieses Buch ist daher auf säurefreiem, 100% chlorfrei gebleichtem, alterungsbeständigem Papier nach DIN 6738 gedruckt.

Vorwort

Social Networks gewinnen in den letzten Jahren immer stärker an Bedeutung. Eine aktuelle Studie des Branchenverbandes Bitkom belegt, dass Social Networks inzwischen über alle Altersgruppen hinweg eine Rolle spielen. Demzufolge sind 71 Prozent der 14- bis 29-jährigen Internetnutzer in Facebook aktiv. Bei den 30- bis 49-jährigen ist jeder Zweite auf Facebook und in der Generation 50-Plus sind es immerhin noch 32 Prozent. Über 800 Millionen Nutzer tummeln sich weltweit auf Facebook, minütlich werden es mehr.

Auch für Unternehmen wird dieser Kanal immer wichtiger. Mundpropaganda verbreitet sich in Zeiten von Facebook, Twitter und Blogs wesentlich schneller als Botschaften über traditionelle Kommunikationskanäle. Egal ob Finanzdienstleister, Konsumgüterhersteller oder Einzelhändler, dieses Phänomen beobachtet man branchenübergreifend. Unternehmen müssen ihre Markenführung und ihr Marketing den neuen Gegebenheiten im Social Web anpassen. Die Kundenkommunikation über Social Networks verspricht nicht nur eine stärkere emotionale Bindung des Kunden an die Marke, sondern dient auch als Feedbackkanal und als Plattform zur Präsentation der Marke.

Die entscheidende Frage dabei ist: Wie kann ein Markenhersteller sich in diesen Netzwerken positionieren und worauf muss er im Sinne einer stringenten Markenführung achten? Eine Antwort auf diese Frage soll die folgende Studie geben. Sie identifiziert diejenigen Faktoren, die den Erfolg von Social Media Aktivitäten von Markenherstellern determinieren.

Karlsruhe, im Januar 2012

Kevin Krüger
Stefanie Regier

Inhaltsverzeichnis

Abbildungsverzeichnis

Tabellenverzeichnis

Abkürzungsverzeichnis

Abb.	Abbildung
Ausg.	Ausgabe
bspw.	beispielsweise
bzw.	beziehungsweise
DEV	durchschnittlich erfasste Varianz
d.h.	dass heißt
et al.	et alii (und andere)
f.	folgende Seite
ff.	fortfolgende Seiten
H	Hypothese
Hrsg.	Herausgeber
Jg.	Jahrgang
Mio.	Millionen
Nr.	Nummer
n.s.	nicht signifikant
o.ä.	oder ähnliche
PK	Pfadkoeffizient
PLS	Partial Least Squares
ROI	Return of Investment
S.	Seite
Tab.	Tabelle
u.a.	unter anderem
v.a.	vor allem
Vgl.	Vergleiche
VIF	Varianzinflationsfaktor
Vol.	Volume
WWW	World Wide Web
z.B.	zum Beispiel

1. Die Relevanz von Markenauthentizität im Kontext von Social Media

Im Januar 2009 überflügelte das Internet das Fernsehen an Geschwindigkeit. Damals ereignete sich ein Flugzeugabsturz auf dem Hudson River und dieser Vorfall wurde auf der Micro-Blogging Plattform Twitter schneller gemeldet als auf dem renommierten Nachrichtensender CNN.[1] Im gleichen Jahr wurde Barack Obama zum Präsident der USA gewählt. Sein Wahlkampf stütze sich unter anderem auf seine Präsenz im Internet. Auf Social Networks wie Facebook oder MySpace warb er erfolgreich um die Gunst der Wähler.[2] Auch bei den Aufständen in Ägypten und Libyen Anfang 2011 spielten Social Networks eine wichtige Rolle[3] und der Umstand, dass der ehemalige Verteidigungsminister zu Guttenberg seinen Doktortitel und sein politisches Amt verlor, lag auch an der im Internet gestarteten Initiative GuttenPlag Wiki, die immer wieder neue Plagiatsvorwürfe gegen zu Guttenbergs Doktorarbeit erhob.[4]

Dieses Medium, Social Media[5] genannt, findet momentan Aufmerksamkeit wie kein anderes und ist damit auch für das Markenmanagement interessant geworden. Viele Marken und Unternehmen versuchen, die Potenziale von Social Media zu nutzen[6] und dadurch womöglich einen neuen Zusatznutzen für das Markenprodukt zu generieren. Der Umgang mit Konsumenten auf Social Networks verspricht eine neue Form der Markenführung, die die Kundenbindung und die Umsätze steigert.[7]

So vielversprechend die Beteiligung an Social Media auch sein mag, es gibt doch einen wesentlichen Kritikpunkt, der immer wieder angeführt wird: Die mangelnde Authentizität der Benutzer. Im Internet kann sich jeder anonym bewegen, auch in

---

[1] Vgl. Schlüter/ Münz (2010), S. 9; vgl. Bleicher (2009), S. 111.
[2] Vgl. Clayton (2010), S. 21.
[3] Vgl. von Rohr (2011), S. 3.
[4] Vgl. http://www.zeit.de/2011/11/Soziale-Netzwerke-Demokratie
[5] „Social", weil es ursprünglich für den Austausch von Privatpersonen gedacht ist, und „Media", weil es wie ein herkömmliches Medium Informationen von einzelnen Sendern an viele Empfänger verbreitet. Vgl. Schlüter/ Münz (2010), S. 9 f.
[6] Vgl. Laudon/ Laudon/ Schoder (2010), S. 648.
[7] Vgl. Weinberg (2010), S. 5 f.

Social Networks.[8] Die eigene Identität verschleiern, eine neue konstruieren oder gleich mehrere anlegen, ist im Internet keine Seltenheit.[9] Immer wieder wird von Betrug oder schlimmeren Verbrechen berichtet, die dadurch möglich wurden, dass jemand im Internet eine falsche Identität angegeben hat. Ein bekanntes Beispiel dafür ist die Nigeria-Connection, die mit E-Mails Kontakt zu Privatpersonen aufnimmt und sie um Geld betrügen will.[10] Auch in Social Networks sind solche Betrugsversuche anzutreffen, die meist so vorgehen, dass sie der Person einen großen Geldbetrag versprechen, für die Überweisung aber Geld von der Person benötigen.[11] Es wird dabei auch nicht davor zurückgeschreckt, persönliche Gefühle auszunutzen. So sind auch einige Fälle bekannt, bei denen die Betrüger sich durch gefälschte Identitäten auf Dating-Seiten das Vertrauen von Personen erschlichen hat, nur um sie dann um ihr Geld zu bringen.[12]

Authentizität im Internet ist etwas, was viele skeptisch betrachten.[13] Für Marken ist es besonders schwierig, authentisch zu wirken, da sie den Ruf haben, lediglich Werbung in eigener Sache platzieren zu wollen. Gleichzeitig ist das Bedürfnis der Konsumenten nach Authentizität kein neues Phänomen,[14] weshalb die Authentizität auch von vielen Wissenschaftsrichtungen Beachtung findet, sei es Soziologie, Kommunikationswissenschaften oder Philosophie.[15]

Auch im Markenmanagement ist die Frage, wie man als Marke Authentizität ausstrahlen kann, etwas, über das schon vor den Zeiten von Social Media nachgedacht wurde.[16] Bislang ist die Thematik der Markenauthentizität ein wenig erforschtes Themengebiet,[17] das gilt erst recht für den Kontext des Social Media. Der Frage, welchen Einfluss die Teilnahme einer Marke an Social Networks auf deren Markenau-

[8] Vgl. Pankov (2008), S. 7 ff.
[9] Vgl. Utz (1999), S. 13 ff.
[10] Vgl. Sieper (2008), S. 304.
[11] Vgl. Hohmeyer (2011), S. 98 f.
[12] Vgl. Weisman (2008), S. 78.
[13] Vgl. Zeller (2010), S. 290; vgl. Misoch (2004), S. 167.
[14] Vgl. Exler (2008), S.113.
[15] Vgl. Grayson/ Martinec (2004).
[16] Vgl. Schindler/ Liller (2011), S. 16.
[17] Vgl. Burmann/ Schallehn (2008), S. 42.

thentizität hat und wie dieser Einfluss genau zu definieren ist, soll sich diese Studie widmen.

Diese Arbeit ist so strukturiert, dass nach dieser Einleitung zunächst theoretische Grundlagen zu Markenmanagement, Markenauthentizität, Social Media und Social Media Marketing geschaffen werden sollen. Diese werden in Kapitel 2 gegeben. In Kapitel 3 werden ein Untersuchungsmodell und dazugehörige Hypothesen erstellt. Anhand verschiedener Konstrukte soll dargestellt werden, welche Determinanten des Social Media Marketing einen Einfluss auf die Markenauthentizität haben und welche Zielkonstrukte die Markenauthentizität beeinflussen kann. Dieses Modell wird in Kapitel 4 anhand einer Konsumentenbefragung untersucht. Die Methodik dazu wird vorgestellt und die Ergebnisse der Befragung werden dargelegt und interpretiert. Auch werden Implikationen für Forschung und Praxis gegeben. In Kapitel 5 findet dann eine Abschlussbetrachtung statt, die die Ergebnisse dieser Studie zusammenträgt.

2. Begriffserläuterungen und theoretische Grundlagen zu Markenauthentizität und Social Media Marketing

2.1 Zum Begriff der Marke

Auch wenn der Begriff „Marke" das Fundament des Markenmanagements und der darauf basierenden Wissenschaftsrichtungen ist, lassen sich viele unterschiedliche Definitionen dafür finden.[18] Eine häufig zitierte Erklärung des Begriffs, die ein gutes Grundverständnis schafft, ist die von Konrad Mellerowicz aus dem Jahr 1963: *„Markenartikel sind für den privaten Bedarf geschaffene Fertigwaren, die in einem größeren Absatzraum unter einem besonderen, die Herkunft kennzeichnenden Merkmal (Marke) in einheitlicher Aufmachung, gleicher Menge sowie in gleich bleibender oder verbesserter Güte erhältlich sind und sich dadurch sowie durch die für sie betriebene Werbung die Anerkennung der beteiligten Wirtschaftskreise (Verbraucher, Händler und Hersteller) erworben haben (Verkehrsgeltung)".*[19]

Diese Definition orientiert sich am Aspekt der Markierung der Produktherkunft, doch es gibt viele weitere Betrachtungsweisen, die sogar bis in die Psychologie reichen.[20] Die Ursache für die Vielzahl der Definitionen liegt in der rasanten Entwicklung, die das Marketing im 20. Jahrhundert genommen hat und die bis heute andauert.[21]

Schon im Jahr 2000 v.Chr. lassen sich Anfänge des Markenmanagements erkennen, damals statteten Krughersteller aus Kanaan ihre Produkte mit Zeichen aus, um über die Herkunft der Krüge Auskunft zu geben.[22] Diese Funktion der Markierung ist auch in der Neuzeit noch zu finden, so beschränkte sich das Markenmanagement zu Anfang des 20. Jahrhunderts auf den Nachweis der Herkunft eines Produkts.[23] Das bildet die Grundlage für das *klassische Markenartikelkonzept*. Dieses schafft

[18] Vgl. Bünte (2006), S. 15.
[19] Mellerowicz (1963), S. 39.
[20] Vgl. Merten (2003), S. 17.
[21] Vgl. Domke (2008), S. 7.
[22] Vgl. Esch (2010), S. 1.
[23] Vgl. Meffert (2000), S. 846.

Differenzierungsmerkmale, die ein Markenprodukt gegenüber anderen Produkten hat. Dazu zählen:[24]

- hohe Warenqualität
- Verfügbarkeit in allen wichtigen Handelsgeschäften
- Preisgleichheit
- einheitliche Aufmachung
- Werbung zur Steigerung der Bekanntheit

Auf das *klassische Markenartikelkonzept* folgte der *merkmalsbezogene* bzw. *instrumentelle Ansatz*, der bis Mitte der 1960er Jahre aktuell war. Da die Markierung der Produkte noch nicht die gewünschten Absatzerfolge einbrachte,[25] konzentrierte sich das Marketing nun auf das Produkt. Die Marke definiert sich hierbei über die Leistungsmerkmale des Produkts und durch einheitliche und einprägsame Gestaltung der Verpackung, der Werbung sowie des Produkts sollen diese vermittelt werden.[26] Im merkmalsbezogenen Ansatz werden lediglich physisch anfassbare Fertigprodukte in den Markenbegriff mit einbezogen. Dienstleistungen, Investitionsgüter o.ä. sind hier nicht als Markenprodukte vorgesehen.[27]

Die nächste Entwicklung stellt der *funktionsorientierte Ansatz* dar. Bis Mitte der 1970er Jahre wurde dieser Ansatz verfolgt, der die Marke nicht mehr primär als Produkt, sondern als geschlossenes Absatzsystem sah.[28] Das Markenverständnis ist somit angebotsbezogen,[29] d.h. die Markenführung umfasst hier auch Aufgaben wie z.B. die Marktforschung, die Produkt- und Preispolitik. In Kombination sorgt dies für eine einheitliches Image und einen hohen Bekanntheitsgrad.[30]

Erst danach, durch den *wirkungsorientierten Ansatz*, wurde der Kunde zum König gekrönt. Die Sichtweise wurde nun am Konsumenten ausgerichtet,[31] die Marke defi-

[24] Vgl. Domizlaff (1951), S. 31 f.
[25] Vgl. Sander (1994), S. 35.
[26] Vgl. Lalwani u.a. (2010), S. 6.
[27] Vgl. Meffert/ Burmann (1996b), S. 373.
[28] Vgl. Alwell (1974), S. 1218 f.
[29] Vgl. Meffert/ Burmann (2002), S. 22.
[30] Vgl. Alwell (1974), S. 1218 f.
[31] Vgl. Bauer/ Huber (1997), S. 2.

niert sich hier an dem Nutzen, den der Konsument aus ihr zieht. Als Markenartikel werden nur jene Produkte und Dienstleistungen bezeichnet, die der Konsument auch als solche wahrnimmt.[32]

Bis Ende der 1980er Jahre befolgte man den *wirkungsorientierten Ansatz*, seitdem gelten zwei Ansätze als aktuelle Varianten. Einer davon, der *fraktale Ansatz* von Gerken, hebt die Marke auf eine neue Abstraktionsebene. Hier bildet ein Mythos um die Marke den zentralen Markenkern.[33] Gerken versteht darunter ein Faszinosum der Marke, das ihr ein zeitloses Image geben soll. Während der Markenmythos beständig bleibt, soll sich das Auftreten der Marke ständig an aktuellen Strömungen orientieren.[34] Da dies ein häufiges Wechseln des Markenauftretens zur Folge hätte, was dem klassischen Markenverständnis widerspricht, ist der *fraktale Ansatz* sowohl in der Wissenschaft als auch in der Wirtschaft umstritten.[35]

Parallel dazu entstand der *identitätsorientierte Ansatz*, bei dem die Marke unter sozialpsychologischen Aspekten betrachtet wird.[36] Ziel dieses Ansatzes ist es, der Marke mithilfe von Inhalten, Ideen, Werten und Visionen eine eigene Identität zu verleihen. Das soll den Konsumenten dazu bewegen, eine Beziehung zur Marke aufzubauen und ihr langfristig treu zu bleiben.[37]

Im Rahmen dieser Untersuchung wird der Begriff der Marke anhand des identitätsorientierten Ansatzes betrachtet. Der Marke wird hierbei eine Identität zugesprochen, die Ähnlichkeiten mit Persönlichkeitsmerkmalen von Menschen hat.[38] Für die Betrachtung der Markenauthentizität ist dieser am geeignetsten und auch das Auftreten der Marke in einem Social Network lässt sich damit analysieren. Anhand von diesem soll im folgenden Kapitel eine Definition für die Markenauthentizität abgeleitet werden.

[32] Vgl. Berekoven (1978), S. 43.
[33] Vgl. Huber (2004), S. 48 f.
[34] Vgl. Gerken (1994), S. 145 ff; vgl. Meffert/ Burmann (2005), S. 29.
[35] Vgl. Meffert/ Burmann (2005), S. 29.
[36] Vgl. Huber (2004), S.48 f; vgl. Kapferer (1992), S. 39 f.
[37] Vgl. Meffert/ Burmann (2005), S. 28.
[38] Vgl. Fanderl (2005), S. 48.

Ansatz	Zeitraum	Markenverständnis	Marketing orientiert sich an...	Quelle
Klassisches Markenartikelkonzept	Mitte 19. bis Anfang 20. Jhd.	Markenartikel kennzeichnet konstante Warenqualität, gleichartige Beschaffenheit und Aufmachung, Vertrieb in überregionalen Märkten, Preisgleichheit und fortlaufende Werbung.	der Produktion	Domizlaff (1939)
Merkmalsbezogener/ instrumenteller Ansatz	bis Mitte der 1960er Jahre	Markenartikel sind nur physisch fassbare Produkte. Sie definieren sich über deren Merkmalskatalog.	dem Produkt	Mellerowicz (1963)
Funktionsorientierter Ansatz	bis Mitte der 1970er Jahre	Markenartikel wird angebotsorientiert definiert, als geschlossenes Absatzsystem.	dem gesamten Vertriebssystem	Hansen (1970)
Wirkungsbezogener Ansatz	bis Mitte der 1980er Jahre	Marken sind diejenigen Produkte, die der Verbraucher als solcher auffasst.	den Konsumenten	Berekoven (1978)
Fraktaler Ansatz	Anfang 1990er Jahre bis heute	Marke als zeitloser Mythos.	dem Mythos	Gerken (1994)
Identitätsbezogener Ansatz	Anfang 1990er Jahre bis heute	Die Marke wird v.a. unter sozialpsychologischen Aspekten betrachtet.	der Identität der Marke	Kapferer (1992) / Aaker (1996)

Tabelle 1: Ansätze der Markenführung
Quelle: Eigene Darstellung in Anlehnung an Huber (2004), S. 49 und Lalwani u.a. (2010), S. 8.

Die Frage, warum Unternehmen sich überhaupt mit Markenführung befassen sollten, lässt sich damit beantworten, dass eine qualitative Markenführung Zusatznutzen für das eigentliche Produkt generiert. Der Zusatznutzen eines Produkts kann der Added Value durch Dienstleistungen und das Markenerlebnis sein.[39] Der Added Value tritt bspw. in Form von zusätzlichen Serviceleistungen auf, die beim Kauf des Kernprodukts dem Konsumenten zur Verfügung stehen. Das kann in Form von Lieferung und Einbau bzw. Inbetriebnahme des Produkts, als Garantieleistung oder als Reparatur-

[39] Vgl. Herrmann/ Huber (2009), S. 321.

service angeboten werden. Dieser Added Value ist eine objektiv messbare Größe, anders als das Erlebnis durch die Marke, das rein subjektiv von dem Konsumenten wahrgenommen wird. Das Markenerlebnis stellt den subjektiven Zusatznutzen dar, den z.B. das Tragen eines Armani-Anzugs von einem qualitativ ähnlichen Anzug einer weniger bekannten Marke abgrenzt.[40]

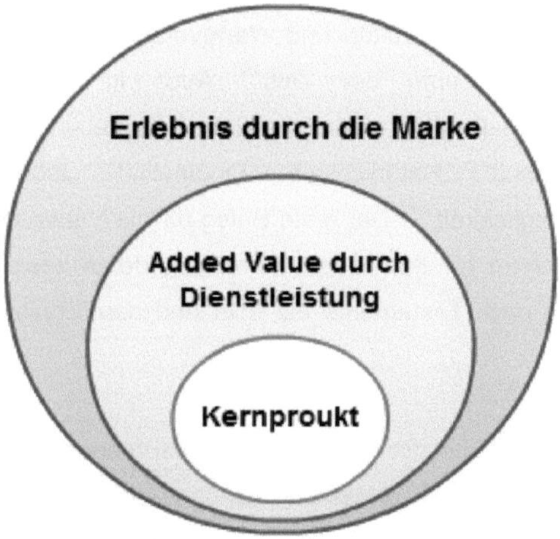

Abbildung 1: Kernprodukt und Zusatznutzen
Quelle: Eigene Darstellung in Anlehnung an Herrmann/ Huber (2009), S. 321.

Durch ein effektives Markenmanagement, kann dieses Markenerlebnis zu einem Differenzierungsmerkmal gegenüber anderen Marken ausgebaut werden.[41] Das kann zu Sympathie, Vertrauen und Loyalität für die Marke führen[42] und außerdem eine Mehrpreisbereitschaft unter den Konsumenten schaffen.[43]

Durch Social Media tritt der Konsument mit der Marke online in Kontakt.[44] Ob dies das Markenerlebnis erweitert oder sogar einen neuen Zusatznutzen für das Kernprodukt schafft, wird in Kapitel 2.4.2 erörtert.

---

[40] Vgl. Herrmann/ Huber (2009), S. 321.
[41] Vgl. Koers (2001), S. 25.
[42] Vgl. Linxweiler (2004), S. 18.
[43] Vgl. Riekhof (2010), S.111.
[44] Vgl. Weinberg (2010), S. 24.

2.2 Zum Begriff der Markenauthentizität

2.2.1 Herleitung und Definition der Markenauthentizität

Der Begriff „Authentizität“ stammt von dem griechischen Wort „authentes“, was wiederum von auto-entes, „der Selbstvollendende“, abgeleitet ist.[45] Die Bedeutung von Authentizität ist dynamisch, sie wird von Kultur- und Wertevorstellungen beeinflusst und wandelt sich dadurch im Laufe der Zeit.[46] Auch in verschiedenen Wissenschaftsgebieten wird der Begriff unterschiedlich interpretiert,[47] gängige Bedeutungen sind z.B. „Echtheit“, „Natürlichkeit“, „Originalität“, „Individualität“, „Glaubwürdigkeit“ oder „Ursprünglichkeit“.[48] Der erste Beleg für die Verwendung des Begriffs in Deutschland lässt sich im 16. Jhd. finden, damals wurde er verwendet, um Dokumente wie Schuldscheine oder Testamente als echt und damit gültig zu titulieren.[49]

Von Markenauthentizität wird erst Mitte der 1990er Jahre gesprochen. Hintergrund war das vermehrte Auftreten von Me-Too-Marken[50] und die Markenauthentizität sollte sie von Pioniermarken abgrenzen.[51] Markenauthentizität wird hierbei von mehreren Autoren als die Originalität der Pioniermarken dargestellt.[52] „Echt“, „zeitlos“ und „traditionell“ waren die Eigenschaften einer authentischen Marke und Authentizität galt wiederum als eine der vier Dimensionen des Konstrukts Aufrichtigkeit.[53] Definitionen aus dieser Zeit konzentrieren sich auf den Konsumenten, sind also wirkungsorientiert. Als Beispiel kann hier die Definition von Stern dienen: *The more a*

---

[45] Vgl. Neumann (2000), S. 93.
[46] Vgl. Goldman/ Papson (1996), S. 142.
[47] Vgl. Wiederhold (2009), S. 2.
[48] Vgl. Schultz (2003), S. 12.
[49] Vgl. Kalisch (2000), S. 32.
[50] Me-Too-Marken sind Marken, die nach der Erschließung eines neuen Marktes durch eine sogenannte Pioniermarke, die Pioniermarken nachahmen und somit versuchen, an deren Erfolg teilzuhaben. Vgl. Halek, P. (2009), S. 51.
[51] Vgl. Grayson (1996), S. 390 ff.
[52] Vgl. Burmann/ Schallehn (2008), S. 42.
[53] Die anderen drei Dimensionen sind Einfachheit, Ehrlichkeit und Wärme. Vgl. Aaker/ Drolet (1996), S. 392; vgl. Burmann/ Schallehn (2008), S. 43.

brand is associated with life narratives, the more it becomes authentic, and thus meaningful, to a consumer".[54]

Spätere Definitionen von Markenauthentizität zielen auf den Abgleich zwischen *internem Selbstbild (Markenidentität)* und *externem Fremdbild (Markenimage)* der Marke ab. Diese Betrachtung begründet sich auf dem identitätsorientierten Markenführungsansatz von Meffert und Burmann.[55] Hierbei sind die wechselseitigen Beziehungen zwischen vier zentralen Parametern zu beobachten:[56]

- **Markennutzenversprechen:** Hiermit ist die vom Unternehmen propagierte Soll-Identität der Marke gemeint. Sie wird erst nach innen, an die eigenen Mitarbeiter, und später nach außen, an Konsumenten und Distributionspartner, als Soll-Image kommuniziert.

- **Markenverhalten:** Ob das Markennutzenversprechen eingehalten wird, zeigt sich im Markenverhalten. Dieses umfasst alle zur Erfüllung des Markennutzenversprechens erbrachten Markenleistungen, was von der Qualität und dem Preis der Marke bis hin zur Kommunikationspolitik reicht.

- **Markenerwartungen:** Die Markenerwartungen gehen von der relevanten Zielgruppe der Marke aus und spiegeln deren subjektive Einschätzung wider.

- **Markenerlebnisse:** Das Markenverhalten wird für den Konsumenten durch konkrete Markenerlebnisse erfahrbar. Diese können bei jeden möglichen Berührungspunkten mit der Marke (Brand Touch Points) auftreten und der Nachfrager kann Eindrücke der Marke multisensual aufnehmen und verarbeiten.[57]

---

[54] Stern (1996), S. 393.
[55] Vgl. Meffert/ Burmann/ Kirchgeorg (2008), S. 371 ff.
[56] Vgl. Meffert/ Burmann/ Kirchgeorg (2008), S. 371 ff; vgl. Burmann/ Schallehn (2008) S. 8 f.
[57] Vgl. Kilian (2007), S. 326 ff.

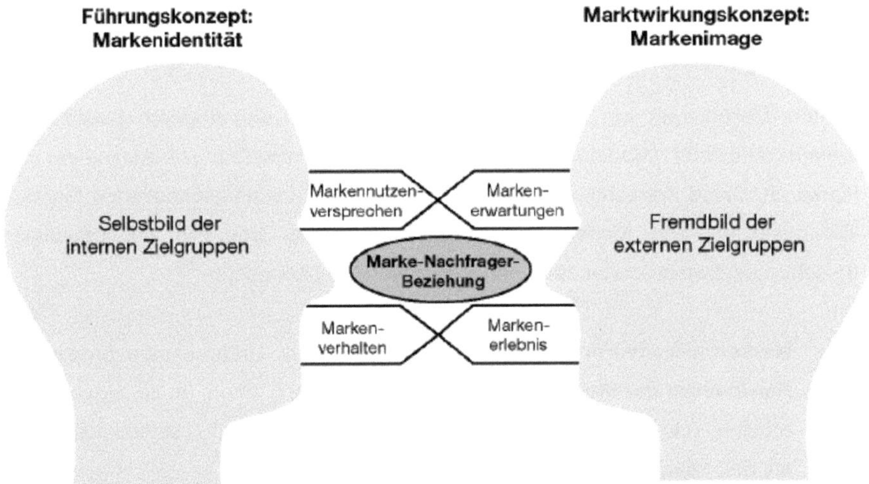

Abbildung 2: Grundmodell des identitätsbasierten Markenführungsansatz
Quelle: Vgl. Meffert/ Burmann/ Kirchgeorg (2008), S. 372.

Markenerwartung und *Markenerlebnis* haben Einfluss auf das *Markenimage*, während *Markennutzenversprechen* und *Markenverhalten* die *Markenidentität* formen.[58] In diesem Zusammenhang wird auch von der *Markenpositionierung* gesprochen, die sich aus der Identität der Marke und deren Werte zusammensetzt[59] und damit eng mit der *Markenidentität* betrachtet wird.

Auf Grundlage dessen formulieren Burmann und Schallehn 2008 folgende Definition zur Markenauthentizität, die auch Grundlage dieser Studie ist: *„Marken-Authentizität bezeichnet die empfundene Wahrhaftigkeit des proklamierten Markennutzens (Markenpositionierung)“.*[60]

Im Folgenden sollen die Determinanten der Markenauthentizität bestimmt werden, also jene Indikatoren, deren Auftreten für eine authentische Markenführung spricht.

[58] Vgl. Meffert/ Burmann/ Kirchgeorg (2008), S. 371 ff.
[59] Vgl. Lüppens (2006) , S. 57.
[60] Burmann/ Schallehn (2008), S. 22.

Dazu wird zunächst die Authentizität von Personen betrachtet, wie sie in Psychologie und Soziologie ein Thema ist.

2.2.2 Determinanten der Markenauthentizität

2.2.2.1 Herleitung der Determinanten der Authentizität

Als Ausgangspunkt wird hierfür die *Attributionstheorie* von Fritz Heider gewählt. Er setzte sich mit den Erwartungen und Handlungen der Menschen im Alltag auseinander und versuchte sie zu erklären (Commonsense Psychologie). Er führte das Handeln von Personen auf *internale* und *externale Attribution* zurück.[61] *Internal* bedeutet, dass die Ursache des Handelns in der handelnden Person selbst liegt, während *external* alle Faktoren sind, die auf die Umwelt des Handelnden zurückzuführen sind.[62] Wählt ein Student seine Studienrichtung z.B. aufgrund eigener Interessen und Präferenzen, liegen *internale* Faktoren vor, entscheidet er sich aber aufgrund von Anforderungen der eigenen Verwandten oder wegen Berufsaussichten in der Zukunft, sind die Gründe *external*.

In diesen Kontext orientiert sich authentisches Verhalten an *internalen* Faktoren. Authentische Personen bleiben sich demnach selbst treu. Verstärkt wird dieser Effekt, wenn die eigenen Handlungen negative Konsequenzen hervorrufen. Im Beispiel bei der Wahl des Studienganges wären das die voraussichtlich verminderten beruflichen Chancen bzw. der Verstoß gegen gesellschaftliche Normen. Wenn der Student trotz dieser Folgen seine Entscheidung nicht zu ändern bereit ist, liegen starke internale Handlungsmotive vor.[63] Es kommt zu einer „Selbstverstärkung", die eigene Identität wird bestätigt und die Person wirkt dadurch überaus authentisch.[64] Damit lässt sich z.B. erklären, warum Künstler, die gegen bestehende Konventionen

[61] Vgl. Heider (1958), S.82 ff; vgl. Kimble/ Wertheimer (2000), S. 207 ff.
[62] Vgl. Nerdinger (2008), S. 76.
[63] Vgl. Wiswede (1995), S. 206.
[64] Vgl. Burmann/ Schallehn (2010), S. 35 f; vgl. Wiswede (1995), S. 206.

verstoßen, als besonders authentisch wahrgenommen werden[65] und warum sie als „kommerziell" gelten, wenn sie zum Mainstream zurückkehren.

Diese Betrachtungsweise wird von der *Attributionstheorie* nach Kelley weitergeführt. Er unterscheidet zwischen der einmaligen Beobachtung eines Verhaltens und der mehrmaligen.[66] Für die Prüfung der Authentizität ist die einmalige Beobachtung bedingt geeignet, da sich hier allein auf eine Situation beschränkt wird. Die mehrmalige Variante kann ein detailliertes Bild abgeben. Hierbei kommt das *Kovariationsprinzip* zum Einsatz,[67] das im Folgenden erläutert werden soll.

Das Kovariationsprinzip geht von drei möglichen Ursachen aus, die das Handeln auslösen können. Diese sind:[68]

- **Internale Attribution:** Der Grund des Handelns geht von der handelnden Person selbst aus.
- **Externale Stimulus:** Der konkrete Auslöser, auf den der Handelnde reagiert.
- **Zeitpunkt oder Modalität:** Das Handeln wird durch die Situation bedingt, in der sich der Handelnde befindet. Die Attribution erfolgt hier ebenfalls external.

Diese Ursachen sollen an einem Beispiel verdeutlicht werden: Nehmen wir den Fall, dass ein Student während einer Vorlesung einschläft. Ist der Grund dafür die einschläfernde Vortragsweise des Dozenten, so haben wir es mit einer Attribution durch einen *externalen Stimulus* zu tun. Falls der Student aber am Schlafen ist, weil er die letzte Nacht durchgefeiert hat, liegt die Ursache in den *Modalitäten* bzw. im *Zeitpunkt* der Vorlesung. Als letzte Möglichkeit bleibt noch, dass der Student grundsätzlich dazu neigt, Vorlesungen zum Schlafen zu nutzen, was ihn selbst zur Ursache seines Schlafs macht, es liegt also eine *internale Attribution* vor.

[65] Vgl. Burmann/ Schallehn (2010), S. 36.
[66] Vgl. Kelley (1973), S. 115.
[67] Vgl. Burmann/ Schallehn (2010), S. 3.
[68] Vgl. Aronson/ Wilson/ Akert (2004), S. 118; vgl. Stroebe/ Jonas/ Hewstone (2003), S. 219 f.

Um zu ermitteln, welche der drei Ursachen eingetreten ist, gibt es drei Variablen, die untersucht werden können:[69]

- **Konsensus:** Er gibt an, inwiefern sich andere Personen bei demselben Stimulus genauso wie der Handelnde verhalten. In diesem Beispiel würde ein hoher Konsensus bedeuten, dass viele Studenten während dieser Vorlesung schlafen. Ein geringer Konsensus würde von einem individuellen Handeln zeugen.

- **Distinktheit:** Hier wird geprüft, ob derselbe Agierende bei anderen, ähnlichen Stimuli dieselbe Reaktion zeigt. Eine hohe Distinktheit bedeutet, dass er seine Handlung nur bei diesem einen Stimulus ausführt. Schläft der Student also in jeder Vorlesung, würde das eine niedrige Distinktheit bedeuten.

- **Konsistenz:** Eine hohe Konsistenz ist dann vorhanden, wenn die Reaktion auf den Stimulus immer gleich ausfällt, egal zu welchem Zeitpunkt er auftritt. Der Student würde Konsistenz zeigen, wenn er in jeder Vorlesung dieses Dozenten schlafen würde.

Die Ausprägung der drei Variablen in Kombination gibt an, auf welcher Art von Attribution die Handlung beruht.[70] Interessant für die Betrachtung der Authentizität ist hierbei nur die internale Attribution, da nur hier von einem authentischen Verhalten gesprochen werden kann. Im Beispiel liegt die internale Attribution vor, wenn neben dem Studenten wenige oder keine seiner Kommilitonen in der Vorlesung schlafen (niedriger Konsensus), wenn er in Vorlesungen anderer Dozenten ebenfalls schläft (niedrige Distinktheit) und er konsequent in jeder anderen Vorlesung dieses Dozenten schläft (hohe Konsistenz). Nur dann ist er ein wirklich authentischer Vorlesungs-Schläfer und wird unter seinen Mitstudierenden vermutlich auch diesen Ruf haben.

Ein niedriger Konsensus, eine niedrige Distinktheit und eine hohe Konsistenz sind also laut des *Kovariationsprinzips* die Faktoren, die als Determinanten für ein au-

[69] Vgl. Aronson/ Wilson/ Akert (2004), S. 117 f.
[70] Vgl. Kelley (1973), S. 108.

thentisches Verhalten herangezogen werden können.[71] Da Konsensus und Distinktheit Variablen sind, die niedrig ausgeprägt sein müssen, um zur Authentizität beizusteuern, sollten sie in positiv formulierte Variablen umgewandelt werden. Ein nicht vorhandender Konsensus bedeutet, dass die Person alleine handelt, deshalb ist ein niedriger Konsensus mit einer hohen Individualität gleichzusetzen.[72] Eine niedrige Distinktheit bedeutet hingegen, dass das Verhalten bei ähnlichen Reizen gleich auftritt, der Handelnde weist dadurch eine hohe Kontinuität auf.[73] Die drei Determinanten der Authentizität lauten damit: Individualität, Kontinuität und Konsistenz.

	Individualität	**Kontinuität**	**Konsistenz**
Internale Attribution	**Hoch**	**Hoch**	**Hoch**
Externaler Stimulus	Niedrig	Niedrig	Hoch
Externaler Zeitpunkt oder Modalität	Hoch	Niedrig	Niedrig

Tabelle 2: Kovarianzprinzip: Zuteilung der Variablen zu den möglichen Ursachen
Quelle: Eigene Darstellung in Anlehnung an Huber/ Matthes/ Dreckmeier/ Schunk (2008), S. 49 und Burmann/ Schallehn (2010), S. 40.

Die *Attributionstheorie* nach Kelley ist nicht die einzige, die diese drei Faktoren als Determinanten für Authentizität herleitet. Auch die *Lerntheorie* kann hier dienen.[74] Die Lerntheorie versucht, *„die Kenntnisse über das Lernen zu systematisieren und zusammenzufassen“*[75] und es werden hierbei verschiedene Lernvorgänge betrachtet, auch das Erlangen des eigenen Selbstbildes, also das Begreifen der eigenen Persönlichkeit.[76] Das Selbstbild ist eine Voraussetzung, damit eine Person selbstverwirklichend, also authentisch agieren kann.[77]

[71] Vgl. Stroebe/ Jonas/ Hewstone (2003), S. 220.
[72] Vgl. Burmann/ Schallehn (2010), S. 39.
[73] Vgl. Burmann/ Schallehn (2010), S. 39.
[74] Vgl. Burmann/ Schallehn (2010), S. 40 f.
[75] Lefrançois (1994), S. 8.
[76] Vgl. Stoyenko (2010), S. 15 f.
[77] Vgl. Eisend (2003), S. 82.

Um das Selbstbild zu erlernen, wird das *Kontiguitätsprinzip des Lernens*[78] herangezogen. Dieses besagt u.a., dass eine Reizwiederholung wesentlich einfacher einen bleibenden Eindruck im Gedächtnis hinterlässt, wenn bei den wiederholten Reizen eine zeitlaufbezogene Kontinuität und eine zeitpunktbezogene Konsistenz vorliegt.[79] Liegt keine Konsistenz und Kontinuität vor, treten für das Individuum Widersprüche (kognitive Dissonanzen) auf, d.h. sein Verhalten muss ständig neu angepasst werden, was die Formung eines Selbstbildes behindert.[80] Was diesen Lernprozess ebenfalls stören kann, sind Interferenzen. Darunter versteht man, dass mehrere Sender ähnliche Botschaften an ein Individuum schicken, was dafür sorgen kann, dass die Botschaften nicht mehr eindeutig den Sendern zuzuordnen sind.[81] Lernt ein Schüler bspw. gleichzeitig Französisch und Spanisch, zwei Sprachen, die aufgrund ihrer lateinischen Wurzeln große Ähnlichkeiten aufweisen, kann es hier zu Interferenzen kommen. Dies geschieht allerdings nicht, wenn der Schüler individuelle Aspekte der Sprache lernt, z.B. wird er das französische „merci“ wohl kaum mit dem spanischen „gracias“ verwechseln. Und dasselbe gilt auch beim Erlangen des eigenen Selbstbilds. Wenn eine Handlung Individualität ausstrahlt, beschleunigt dies das Formen eines klaren Selbstbildes.[82]

So wie *Kontinuität*, *Konsistenz* und *Individualität* beim Betrachten des Selbstbildes wahrnehmbar sind, sind sie es auch beim Beobachten anderer Personen. Anhand von ihnen können sich Außenstehende ein Bild über deren Identität machen. Und wenn Handlungen von Personen auf ihre Identität zurückzuführen sind, sind sie als authentisch zu bezeichnen.[83]

[78] Kontiguität meint die Gleichzeitigkeit eines Reizes und einer Reaktion. Es ist Bestandteil der klassischen Konditionierung, die auf Pawlows berühmtes Hunde-Experiment zurückgeht. In der klassischen Konditionierung wird einem Individuum ein neutraler Reiz zusammen mit einem unbedingten Reiz – auf den das Individuum reagiert – präsentiert. Diese Reizkombination wird oft wiederholt mit dem Effekt, dass das Individuum irgendwann seine Reaktion auch dann zeigt, wenn nur der neutrale Reiz angeboten wird. Vgl. Kroeber-Riel/Weinberg/Gröppel-Klein (2009), S. 377 f.

[79] Vgl. Raab/ Unger (2005), S. 45 f.

[80] Vgl. Burmann/ Schallehn (2010), S. 41; vgl. Festinger (1957).

[81] Vgl. Raab/ Unger (2005), S. 189.

[82] Vgl. Burmann/ Schallehn (2010), S. 41 f.

[83] Vgl. Burmann/ Schallehn (2010), S. 42.

2.2.2.2 Übertragung auf die Markenauthentizität

Auch wenn Marken keine Personen sind, verhält es sich bei ihnen ähnlich. Das in Kapitel 2.2.1. vorgestellte Grundmodell zum identitätsbasierten Markenführungsansatz gibt als sichtbare Parameter der Markenidentität das *Markennutzenversprechen* und das *Markenverhalten* an. Die Markenauthentizität wurde zuvor als *„die empfundene Wahrhaftigkeit des proklamierten Markennutzens“*[84] definiert, wobei „proklamierter Markennutzen“ hier mit „Markennutzenversprechen“ übersetzt werden kann. Das Markennutzenversprechen wird als wahrhaftig, also authentisch, empfunden, wenn es – wie bei der Person – von der eigenen Identität geprägt wird. Das bedeutet, dass die Marke nicht versucht, sich in ihrem Markennutzenversprechen anders darzustellen, als sie eigentlich ist.[85]

Nach der Lerntheorie kann aus der Außensicht ein Bild von der Identität einer Person gewonnen werden[86] und genauso verhält es sich mit Marken. Auch bei ihnen muss ein kontinuierliches, konsistentes und individuelles Verhalten vorliegen, damit sie als authentisch gilt.[87] Wenn dieses Markenverhalten deckungsgleich mit dem Markennutzenversprechen ist, stimmen Identität und Versprechen miteinander überein, wodurch die Marke wahrhaftig und ehrlich wirkt. Die Determinanten der Authentizität einer Person – Kontinuität, Konsistenz und Individualität – sind somit auch die Determinanten der Markenauthentizität.[88]

Wie diese Determinanten erkennbar sind, lässt sich bspw. bei einem TV-Werbespot einer Marke veranschaulichen. Individuell ist er dann, wenn er sich deutlich von den Werbespots der Marken anderer Wettbewerber unterscheidet. Wird z.B. bei einem Waschmittel-Werbespott der üblichen Splitscreen-Vergleich zwischen herkömmlichen Waschmitteln und der eigenen Marke verwendet, zeugt das nicht von Individualität, denn auf dieses Mittel greifen viele Waschmittelmarken zurück.

---

[84] Burmann/ Schallehn (2008), S. 22.
[85] Vgl. Jenner(2007), S. 290; vgl. Burmann/ Schallehn (2008), S. 44.
[86] Vgl. Kapitel 1.2.2.1.
[87] Vgl. Burmann/ Schallehn (2010), S. 53.
[88] Vgl. Burmann/ Schallehn (2010), S. 53 f.

Konsistenz lässt sich bei Werbespots daran erkennen, ob der Spot die Werte und Merkmale der Marke wiederspiegelt. Ein Sportwagenhersteller, der seine zweisitzigen Autos in der Werbung als familientauglich darstellt, wirkt inkonsistent und verfehlt obendrein seine Zielgruppe. In Extremfällen können Inkonsistenzen zwischen Marke und Werbung sogar in Werbelügen münden, nämlich dann, wenn Leistungen versprochen werden, die das eigene Produkt gar nicht besitzt. Wenn ein Schokoladenhersteller seine Produkte als „sportlich" bezeichnet, werden ihm das die Konsumenten nicht glauben. Im weiteren Sinne lässt sich die Konsistenz auch als Fähigkeitsbeweis der Marke auslegen.[89]

Die Kontinuität betrachtet, welche Werte und Merkmale die Marke in der Vergangenheit von sich gezeigt hat. Durch frühere Werbespotts und andere Brand Touch Points haben Konsumenten sich ein Bild von der Marke aufgebaut und die Frage ist nun, ob der neue Werbespott dieses Bild konsequent fortsetzt. Eine Marke, die ihre Werbung mal seriös mal humoristisch gestaltet, kann keine klare Linie aufbauen und wirkt somit weniger authentisch, als Marken die einen kontinuierlichen Stil ausleben.

Dieses Beispiel zeigt, dass Authentizität nichts ist, was sich kurzfristig umsetzen lässt. Die Marke muss mit konsistentem, kontinuierlichem und individuellem Verhalten die eigene Identität mitsamt den verkörperten Werten, Visionen und Kompetenzen aufbauen, nur dann wird sie als authentisch wahrgenommen werden.[90]

Die Kontinuität, Konsistenz und Individualität des Markennutzenversprechens sind auch die Determinanten, die Burmann und Schallehn 2010 in ihrer Theorie ausgearbeitet haben.[91] Auf Grundlage dessen wird die Markenauthentizität in Kapitel 3 auf den Aspekt der Social Media erweitert. Vorher soll im folgenden Kapitel erläutert werden, was man unter Social Media und Social Networks versteht. Dazu wird zunächst auf die Geschichte des Internets eingegangen, da diese einen großen Einfluss auf die Entwicklung von Social Networks, wie sie in dieser Studie betrachtet

[89] Vgl. Erdem/ Swait (1998), S. 138.
[90] Vgl. Burmann/ Schallehn (2010), S. 54 f.
[91] Vgl. Burmann/ Schallehn (2010), S. 54 f.

werden sollen, hatte.[92] Danach wird der Begriff der Online Community genauer betrachtet. Abschließend wird Facebook als Beispiel für Social Networks vorgestellt werden.

2.3 Erläuterung von Social Networks im Internet

2.3.1 Ein Abriss zur Historie des Internets

Das Internet hat eine rasante Evolution hinter sich. Seine Ursprünge lassen sich im ARPANET[93] von 1962 finden, ein Computernetzwerk des Verteidigungsministeriums der USA. Es diente militärischen Zwecken und war durch den Kalten Krieg motiviert,[94] doch auf dieser Grundlage wurde es weiterentwickelt. In den 1980er Jahren wurde der militärische Nutzen von einem akademischen abgelöst und es entstand eine Infrastruktur, die Universitäten miteinander verband, auch auf internationaler Ebene.[95] Damals war das Internet ein Territorium, das nur Informatikern vorbehalten war, die breiten Massen entdeckten es erst Mitte der 1990er Jahre für sich.[96] Grundlage dafür war das World Wide Web, das 1991 von Wissenschaftlern des CERN[97] entwickelt wurde und das eine multimediale Darstellung der Inhalte ermöglichte, damals v.a. noch Text.[98]

Danach stieg die Anzahl der Internetnutzer rasant an. Von 1993 bis 2002 entwickelte sie sich von 6 Mio. auf 600 Mio.[99] Parallel dazu wurde das Internet auch für Unternehmen interessant. Ab Mitte der 1990er Jahre begann die Phase der „New Economy“, in der der Internetmarkt erschlossen wurde. Es herrschte eine Goldgräberstimmung in der es zu vielen Firmenneugründungen kam. Die meisten davon

[92] Vgl. Schilliger (2010), S. 11 ff.
[93] ARPA steht für *Advanced Research Projects Agency*; vgl. Morley/Parker (2009), S. 322.
[94] Vgl. Morley/Parker (2009), S. 322.
[95] Vgl. Rechenberg/ Pomberger (2006), S. 1084 f.
[96] Vgl. Castells (2005), S. 20 ff.
[97] CERN steht für *Conseil Eurpéen de Recherche Nucléaire* und ist das in Genf ansässige europäische Kernforschungszentrum; vgl. Hinterberger (2008), S. 13.
[98] Vgl. Weyand (2002), S. 3.
[99] Vgl. Fritz (2004), S. 37.

scheiterten, was unter den geflügelten Worten „die Internetblase platzte" bekannt ist,[100] aber aus dieser Phase gingen heutige Schwergewichte wie Amazon, eBay und Google hervor.[101]

Seit Anfang der 2000er Jahre lässt sich ein neuer Trend im Internet beobachten, der „Web 2.0" genannt wird. Der Begriff wurde von Tim O'Reilly geprägt und ist nicht klar umrissen. O'Reilly selbst schrieb 2005, dass das *„Web 2.0 keine genauen Begrenzungen"*[102] habe und dass man es vielmehr *„als eine Ansammlung aus Prinzipien und Praktiken visualisieren"*[103] könne. Zu diesen Prinzipien und Praktiken gehören:[104]

- Die Benutzer gestalten das Web selbst mit und steuern Inhalte bei.
- Das Web dient als Service-Plattform, um dem Benutzer vielfältige Dienste anzubieten.
- Die Software-Entwicklung konzentriert sich auf das Erstellen dieser Services, das klassische Softwareprodukt rückt für den Benutzer in den Hintergrund.
- Im Fokus der Anwendungen stehen die Daten, die von Nutzern generiert werden.
- Das Web und seine Anwendungen werden auf neue Geräte ausgeweitet, z.B. mobile Endgeräte.
- Ziel des Web 2.0 ist die „Rich User Experience". Der Benutzer soll den Unterschied zwischen online und offline Nutzung seiner Geräte nicht länger bemerken. Die Anwendungen sollen einfach zu benutzen sowie leicht zugänglich sein und so zu einem gebündelten Erlebnis verschmelzen.

Die Veränderungen von Web 2.0 sind einerseits technischer Natur, aber bedeutend ist auch die soziale Komponente. Die heutigen jungen Nutzer des Internets sind mit

[100] Vgl. Kahney (2008), S. 169.
[101] Vgl. Hettler (2010), S. 1 f.
[102] O'Reilly (2005).
[103] O'Reilly (2005).
[104] Vgl. Schilliger (2010), S. 14 f.

ihm aufgewachsen, es ist fester Bestandteil ihres Lebens geworden.[105] Und genau darauf basiert Social Media.

2.3.2 Zu Social Media

Hinter Social Media verbergen sich jene für das Web 2.0 typischen Austauschplattformen, wie Foren, Videoplattformen, Wikis, Blogs o.ä. Im Fokus steht hierbei der Austausch der Benutzer untereinander. Der Inhalt (Content), der in Text-, Bild-, Ton- oder Videoform sein kann, wird nicht vom Betreiber der Seite bereitgestellt, sondern von deren Benutzern (User).[106]

Bei Social Media handelt es sich um ein n:n-Medium.[107] Diese zeichnen sich dadurch aus, dass viele Sender mit vielen Empfängern kommunizieren. Hierbei schafft der Seitenbetreiber die technischen Rahmenbedingungen und gibt Instrumente zur Gestaltung der Beiträge. Anders als bei 1:1- oder 1:n-Medien sind hierbei die Rolle des Senders und Empfängers nicht klar voneinander abgegrenzt, jeder Benutzer entscheidet selbst, in welche er gerade schlüpfen möchte. So wird eine Mehrwegkommunikation unter den Benutzern geschaffen, die schnell eine eigene Dynamik entwickeln kann.[108]

Die Relevanz dieses Themas lässt sich mit Nutzerzahlen belegen. Im zweiten Quartal 2011 waren von den ca. 46,1 Mio. Deutschen, die im Internet aktiv sind, 76% in einem Social Network registriert. V.a. in den jüngeren Altersgruppen ist der Anteil besonders hoch, bei den 14-29 Jährigen liegt er bei 96%. Der Deutsche verbringt im Monat ca. 24 Stunden im Internet. Dass dabei auch Umsätze generiert werden, beweisen u.a. die 38 Mio. Deutsche, die im letzten Jahr online eingekauft haben.[109] Die Rolle von Social Media für den Verkaufsprozess wird voraussichtlich weiter zunehmen, schon heute lassen sich dafür Ansätze finden, bspw. bieten Online-Shops Ra-

[105] Vgl. Berge/Buesching (2008), S. 24.
[106] Vgl. Weinberg (2010), S. 1 f.
[107] Vgl. Hettler (2010), S. 17.
[108] Vgl. Hettler (2010), S. 16 ff.
[109] Vgl. Hoffmann (2011).

batte an, wenn Kunden ihren Freunden den Shop empfehlen. Auch auf Social Networks eröffnen mittlerweile Online-Stores.[110]

2.3.3 Zu Online Communities

Die Plattformen, in denen User per Social Media miteinander kommunizieren, werden Online Communities genannt. Eine Community ist eine Form der Gruppe, allerdings ist die Literatur sich nicht einig, wie Communities und Gruppen genau voneinander abzugrenzen sind.[111]

Eine Gruppe ist eine Anzahl an Personen, die ein gemeinsames Ziel verfolgen und deshalb miteinander interagieren.[112] Diese Interaktion darf aber nicht zufällig auftreten. Um von einer Gruppe sprechen zu können, muss der Austausch der Personen wiederholt und wechselseitig erfolgen.[113] Die Beziehungen unter den Gruppenmitgliedern gestalten sich dabei entweder affektiv, also anhand der Emotionen, die zwischen den Mitgliedern bestehen, oder kognitiv, d.h. sie beruhen auf der sachlichen Wahrnehmung der Gruppe und deren Mitgliedern.[114] Um Beispiele zu nennen: Ein Freundeskreis, der sich regelmäßig trifft, basiert auf affektiven Beziehungen, während ein betrieblicher Arbeitskreis von kognitiven Beziehungen geprägt ist.

Grundlegende Merkmale einer Gruppe sind außerdem:[115]

- Eine eigene Gruppenidentität.
- Eine soziale Ordnung.
- Verbindliche Werte und Normen.
- Regeln, zum Umgang miteinander/ ein Verhaltenskodex.

---

[110] Vgl. www.internetworld.de/Nachrichten/E-Commerce/
[111] Vgl. Hamann (2000), S. 223 ff.
[112] Vgl. Franken (2007), S. 176.
[113] Vgl. Bottomore (1987), S. 94 ff.
[114] Vgl. Huber/Regier/Kissel (2009), S. 5 f.
[115] Vgl. Kroeber-Riel/Weinberg (2003), S. 444.

Auch bei Online Communities sind diese Merkmale zu finden. Es handelt sich hierbei um eine virtuelle Gemeinschaft, deren Mitglieder sich über das Internet, auf einem dafür vorgesehenen Webauftritt austauschen. Zentrum dieser Kommunikation sind gemeinsame Interessen.[116] Das können Hobbys, Produkte o.ä. sein. Die soziale Dynamik sollte dabei nicht unterschätzt werden, denn es steht auch das Knüpfen von Kontakten im Vordergrund. Menschen mit gemeinsamen Interessen finden und den Kontakt zu ihnen pflegen, ist ein zentrales Merkmal bei der Nutzung von Online Communities.[117]

Bei einem Vergleich von Online Communities mit traditionellen „Offline-Gruppen" aus dem echten Leben, fallen einige Unterschiede auf, die eine klare Abgrenzung ermöglichen:[118]

- **Anonymität statt tatsächliche Bekanntschaft**: In der Online Community entscheidet der User selbst, welche Informationen er über sich preisgibt. So gestaltet er seine eigene Community-Identität. Es ist auch möglich, gleich mehrere verschiedene Identitäten zu erschaffen, man spricht dann von Hyperpersonalität.[119] Der wahre Mensch dahinter bleibt verborgen.

- **Geographische Freiheit statt räumliche Begrenzung**: Im Internet ist eine globale Kommunikation möglich, das gilt sowohl in geographischer als auch in kultureller Hinsicht. Traditionelle Gruppen basieren oft auf der gemeinsamen, regionalen Zugehörigkeit.[120]

- **Interaktivität statt persönlicher Kontakt**: Durch die zahlreichen Möglichkeiten zur Kontaktaufnahme, z.B. per Chat, durch Foren o.ä. sind die Barrieren zur Interaktion mit anderen in Online Communities sehr gering.[121] So vielfältig die Möglichkeiten zur Kommunikation auch sind, was sie nicht vermitteln kön-

[116] Vgl. Bren (2003), S. 4.
[117] Vgl. Kim (2001), S. 21.
[118] Vgl. Pankov (2008), S. 7 ff.
[119] Vgl. Utz (1999), S. 13 ff.
[120] Vgl. Pankov (2008), S. 7 f.
[121] Vgl. Thiedeke (2000), S. 30.

nen sind non- oder paraverbale Reize. Gestik und Mimik vermitteln im Gespräch meist weit mehr Informationen als bloße Worte.[122] Für diese Form der persönlichen Kommunikation gibt es in Online Communities keinen hinreichenden Ersatz,[123] auch ein Video-Chat kann eine tatsächliche Begegnung nur simulieren.

Trotz dieser Unterschiede schließen sich Online-Communities und traditionelle Gruppen nicht gegenseitig aus. Es kann sehr wohl dazu kommen, dass das Eine das Andere ergänzt.[124]

2.3.4 Zu Social Networks

In der Soziologie meint der Begriff „Netzwerk" eine Menge an Knoten, die miteinander in Verbindung stehen.[125] Wird das Adjektiv „sozial" ergänzt, so sind mit den Knoten Menschen oder auch Gemeinschaften oder Institutionen gemeint. Eine häufig zitierte Definition beschreibt Social Networks als *„a specific set of linkages among a defined set of persons, with the additional property that the characteristics of these linkages as a whole may be used to interpret the social behavior of the persons involved".*[126]
Social Networks können in drei Kategorien eingeteilt werden:[127]

- **Primäre Netzwerke** umfassen Verwandte, Freunde oder engere Bekanntenkreise, wie z.B. Arbeitskollegen. Man nennt sie auch persönliche Netzwerke.

- **Sekundäre Netzwerke**, auch gesellschaftliche Netzwerke, weisen eine starke Organisation und weniger persönliche Bindung wie die primären Netzwerke

[122] Vgl. Forgas (1999), S. 126.
[123] Vgl. Pankov (2008), S. 9.
[124] Vgl. Pankov (2008), S. 9.
[125] Vgl. Castells (2005), S. 9.
[126] Mitchell (1969), S. 1 ff.
[127] Vgl. Schubert (2008), S. 38 ff.

auf. Gemeint sind hiermit Unternehmen oder Vereine die als Gesamtes ein sekundäres Netzwerk bilden.

- **Tertiäre Netzwerke** vermitteln zwischen sekundären und/oder primären Netzwerken. Sie liefern die Infrastruktur, damit einzelne Netze miteinander interagieren können. Ein Produktionsnetz aus Lieferanten und Produzenten ist beispielsweise ein tertiäres Netzwerk.[128]

In der Internetgemeinde meint ein Social Network eine Online Community, deren primäre Aufgaben das Aufbauen von Beziehungen, die Selbstdarstellung des Users sowie das Suchen von Informationen sind.[129] Um als Social Network anerkannt zu werden, muss die Online Community folgende Funktionalitäten bieten:[130]

- **Identitätsmanagement:** Der Benutzer muss sich selbst darstellen können. Meist geschieht das in Form eines Profils, auf dem er gezielt Daten von sich angeben kann.

- **Expertensuche:** Expertensuche heißt, dass Benutzer gezielt mithilfe von Suchkriterien nach den gewünschten Ergebnissen suchen können. In einem Social Network meint das die Suche nach anderen Nutzern. Oft wird das durch Empfehlungen oder durch Freundeslisten unterstützt.

- **Kontextawareness:** Zentraler Bestandteil ist auch der Aufbau von gemeinsamen Bezugspunkten unter den Usern. Dazu können gemeinsame Freunde oder Gruppen für verschiedene Interessen dienen. Aber auch Online Games, bei denen Benutzer des Social Networks gemeinsam spielen können, gehören dazu.

[128] Vgl. Karagah (2010), S. 46.
[129] Vgl. Kneidinger (2010), S. 51.
[130] Vgl. Koch/ Richter (2009), S. 54 ff.

- **Kontaktmanagement:** Das Social Network muss Instrumente zur Kontaktaufnahme und -pflege bereitstellen. Man muss Freunde hinzufügen, bestätigen oder ablehnen können.

- **Netzwerkawareness:** Sie umfasst Dienste, die die Benutzung des Netzwerks vereinfachen und zu einem Überblick über das eigene Netzwerk an Freunden verhelfen. Wenn ein Benutzer z.B. nach dem Login einen Überblick über aktuelle Ereignisse und die letzten Aktivitäten seiner Freunde erhält, unterstützt das die Netzwerkawareness.

- **Gemeinsamer Austausch:** Die Kommunikation mit anderen Usern ist fundamental für Social Networks, deshalb muss es Funktionalitäten wie das Schreiben und Versenden von Nachrichten anbieten. Häufig lassen sich auch integrierte Chat-Funktionen oder Micro-Blogging Plattformen wie z.B. Pinnwände finden.[131]

Namhafte Beispiele für Social Networks sind Facebook und MySpace oder auch der neuste Vertreter dieser Art Google+. In Deutschland genießen auch wer-kennt-wen, Studi VZ oder Xing große Bekanntheit.

2.3.5 Facebook als Beispiel

Für diese Studie soll Facebook als Beispiel dienen, weil es das Social Network mit den meisten Nutzern ist. Somit ist es für Unternehmen am interessantesten, da sich hier die meisten potentiellen Kunden erreichen lassen. Laut der WWW-Benutzer-Analyse W3B von Fittkau & Maaß Consulting besuchen 53,3% der Internetnutzer Facebook.[132] Facebook selbst gibt an, dass es in Deutschland ca. 18,7 Mio. aktive User[133] gibt, weltweit sogar über 700 Mio.[134] Damit ist Facebook international das

[131] Vgl. Koch/ Richter (2009), S. 54 ff; Vgl. Schommers (2009), S. 51 ff.
[132] Vgl. www.internetworld.de/Nachrichten/Medien/
[133] Ein aktiver User ist ein registrierter Benutzer, der in den letzten 30 Tagen auf der Seite eingeloggt war.

größte Social Network, aber auch in Deutschland wird es mit Abstand am häufigsten genutzt.

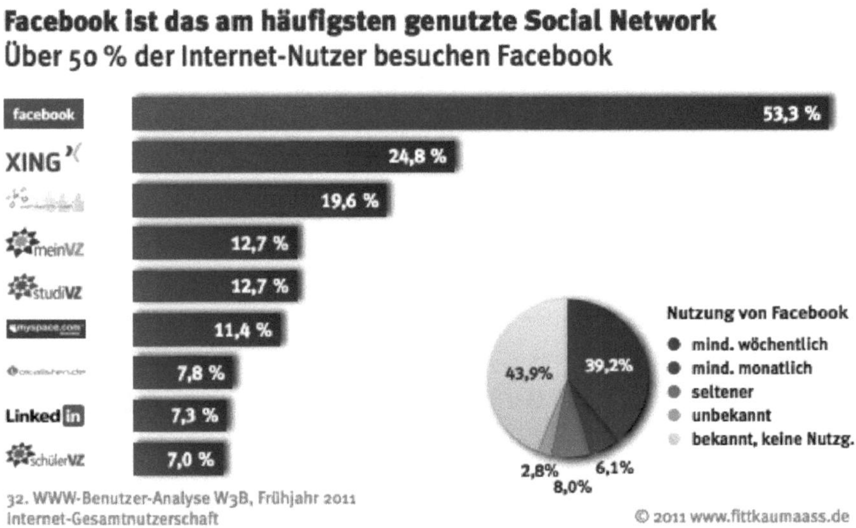

Abbildung 3: Vergleich der Social Networks anhand ihrer Nutzung
Quelle: http://www.w3b.org/web-20/an-facebook-fuhrt-kein-weg-mehr-vorbei.html

Entwickelt wurde Facebook von Studenten der Harvard University in den USA im Jahr 2004. Der ursprüngliche Gedanke dahinter war, ein Netzwerk zum Austausch der Studenten dieser Universität zu schaffen, um sich bspw. gegenseitig zu Veranstaltungen einzuladen.[135] 2005 wurde es auf andere Universitäten ausgeweitet, bevor es dann Anfang 2006 auch als Netzwerk für Firmen eingesetzt wurde. Das Social Network wie man es heute kennt wurde Ende 2006 für jedermann zugänglich.[136] Seitdem wächst die Zahl der registrierten Nutzer beständig und auch international gewann es an Bekanntheit. 2008 wurde Facebook für Deutschland lokalisiert.[137] Mittlerweile erfreut sich das Netzwerk solcher Popularität, dass die

[134] Vgl. http://www.facebookbiz.de/
[135] Vgl. Schlüter/ Münz (2010), S. 59.
[136] Vgl. Schiliger (2010), S. 13.
[137] Vgl. Schlüter/ Münz (2010), S. 59.

Entstehung von Facebook in dem Film „The Social Network“ nacherzählt wurde. Der Film wurde mit zwei Oscars ausgezeichnet.[138]

Bei Facebook besitzt jeder User ein eigenes *Profil*, auf dem er Informationen über sich angeben kann wie z.B. den Wohnort, den Arbeitsplatz, Hobbys usw. Zentrales Element des Profils ist die *Pinnwand*, auf der Benutzer Neuigkeiten in Form von kurzen Nachrichten über sich veröffentlichen können. Diese Beiträge können von anderen Usern kommentiert und per „Gefällt mir“-Button als lesenswerter Inhalt markiert werden.[139]

Es besteht außerdem die Möglichkeit, sich mit anderen Usern zu befreunden, auch das geschieht per Klick auf einen entsprechenden Button. Im Profil sind die Namen der befreundeten Personen einsehbar und Facebook stellt Funktionalitäten bereit, um die Anzahl der eigenen Freunde zu erhöhen. Als Beispiel wäre die „Personen, die du vielleicht kennst“-Funktion zu nennen, die mittels Profilabgleich Vorschläge für neue Freunde unterbreitet. Mögliche Kandidaten sind z.B. Personen, die dieselbe Grundschule in ihrem Profil angegeben haben.[140]

Neben Profilen ist es auch möglich, „*Offizielle Seiten*“ und „*Gemeinschaftsseiten*“ anzulegen. Diese sind für Benutzer gedacht, die nicht als Personen in Facebook auftreten. Das können z.B. Interessensgruppen, Vereine oder auch Unternehmen und Marken sein, die sich in Facebook vorstellen möchten.[141]

Damit der Benutzer einen Überblick über die Aktivitäten seiner Freunde behält, bietet das Netzwerk eine Übersichtsseite, die gleich als *Startseite* nach dem Einloggen erscheint. Hier sieht der User u.a. wer sich mit wem angefreundet hat und wer vor kurzem neue Pinnwandeinträge verfasst hat. Nicht nur Freunde, auch die eigenen

[138] Vgl. Fontaine (2011), S. 3.
[139] Vgl. Schwindt (2010), S. 21.
[140] Vgl. Zarrella/ Zarrella (2011), S. 27.
[141] Vgl. Schwindt (2010), S. 21.

Gruppen oder Unternehmen, bei denen der User „*Gefällt mir*“[142] geklickt hat, können hier erscheinen.[143]

Die Mitgliedschaft bei Facebook ist kostenlos. Das Geschäftsmodell der Seite konzentriert sich auf die Verwertung der Nutzerdaten, deswegen wären jegliche Schranken, die potenzielle Mitglieder abschrecken könnte, kontraproduktiv. Facebook generiert seinen Umsatz durch Werbung auf der Seite. An interessierte Werbekunden wird außerdem das Recht verkauft, die von den Benutzern bereitgestellten Daten zu sammeln und weiterzuverwenden. Je mehr Nutzer auf Facebook tätig sind und je mehr sie über sich preisgeben, desto wertvoller werden diese Daten.[144] Auf diese Weise kann die eigene Werbung personalisiert werden, damit sie genau die eigene Zielgruppe anspricht.[145] Da die Daten auf Facebook persönlicher Natur sind, zählt das Werben auf Facebook zu den zielgruppenspezifischsten Online-Werbeinstrumenten.[146]

2.4 Social Media Marketing

2.4.1 Erläuterung des Social Media Marketing

Social Media ist kein originäres Instrument des Markenmanagements. Hier bietet sich der Vergleich mit der E-Mail an, die ursprünglich wie Social Media eine neue Kommunikationsform darstellte, dann aber für das Markenmanagement z.B. in Form von Newslettern entdeckt wurde.[147] Social Media bietet primär Personen die Möglich-

[142] Der „Gefällt mir” Button wird auf *Offiziellen Seiten* und *Gemeinschaftsseiten* als Äquivalent zu der Freund-Funktion verwendet. Er findet noch weitere Verwendung, man kann ihn auch unter Kommentaren, Bildern o.ä. sehen, mittlerweile begegnet man dem Button auch außerhalb von Facebook; Vgl. Schwindt (2010), S. 105.
[143] Vgl. Schwindt (2010), S. 21.
[144] Vgl. Zarrella/ Zarrella (2011), S. 21.
[145] Vgl. Nanitz (2009), S. 47.
[146] Vgl. Zarrella/ Zarrella (2011), S. 231.
[147] Vgl. Heymann-Reder (2011), S. 18.

keit, sozial zu interagieren, aber es lässt sich auch nutzen, um einen Dialog zwischen Marken und Personen aufzubauen.[148]

„Social Media Marketing" ist ein instrumental geprägter Begriff, d.h. er beschreibt, mit welchen Mitteln Markenmanagement betrieben wird.[149] Er steht somit für den Prozess, auf den typischen Web 2.0-Plattformen für seine Marke zu werben und dabei eine breite Community zu erreichen, indem ihr Möglichkeiten zur Kommunikation mit der Marke geboten werden.[150]

Anders als Social Media beruhen die klassischen Medien wie TV, Radio oder Zeitschriften auf 1:n Kommunikation,[151] d.h. sie sind monodirektionale und statische Verbreitungsmedien. Die Werbung auf den klassischen Medien hat eine hohe Reichweite, ist aber gleichzeitig mit hohen Kosten verbunden.[152] Beim Social Media Marketing ist es hingegen relativ kostengünstig, seine Werbeinhalte mit großer Reichweite zu verbreiten. Dank des Fortschreitens der Webtechnologien lassen sich Inhalte online kreieren und kostenlos veröffentlichen, z.B. auf Blogs und Videoplattformen.[153] Damit bietet Social Media eine kostengünstige Alternative zum traditionellen Markenmanagement.[154]

Social Media Marketing lässt sich in zwei Richtungen unterteilen, die sinnbildlich für die verschiedenen Seiten eines Dialogs stehen:[155]

1. **Proaktives Social Media Marketing:** Es umfasst die Aktivitäten, die die Marke selbst einleitet. Veröffentlicht sie einen neuen Pinnwandeintrag bei Facebook oder ein Video auf YouTube, dann ist das ein proaktives Handeln. Erfolgreich ist sie dabei, wenn damit Diskussionen angestoßen werden, die die Konsumenten dazu bringen, auf das proaktive Handeln zu reagieren. Um

[148] Vgl. Weinberg (2010), S. 24.
[149] Vgl. Hettler (2010), S. 37 f.
[150] Vgl. Weinberg (2010), S. 8.
[151] Vgl. Hettler (2010), S. 17.
[152] Vgl. Zarrella (2010), S. 6.
[153] Vgl. Zarrella (2010), S. 6.
[154] Vgl. Weinberg (2010), S. 8.
[155] Vgl. Heymann-Reder (2011), S. 17.

das zu erreichen, muss die Botschaft den Konsumenten auch tatsächlich ansprechen, d.h. es muss für ihn interessant sein.

2. **Reaktives Social Media Marketing:** Wie der Name schon sagt, handelt es sich hierbei um Reaktionen. Die Marke antwortet auf Aussagen, die andere über sie gefällt haben. Wenn jemand die Marke in einem Forum kritisiert, kann sie hierbei auf die Kritik eingehen und im besten Fall den Dialog in eine Richtung lenken, in der die Kritik konstruktiven Charakter erhält und dabei hilft, die Marke und ihre Produkte zu verbessern.[156]

2.4.2 Was lässt sich mit Social Media Marketing erreichen?

Wenn man Social Media Marketing erfolgreich betreibt, können damit die folgenden Ziele realisiert werden:[157]

- **Virale Ausbreitung der Markenbotschaft:** Wer sich an der Kommunikation in Online Communities beteiligt und interessante Inhalte bietet, erzeugt damit ein Echo. Benutzer werden auf diese Beiträge reagieren, sie kommentieren und weiterempfehlen; die Marke wird „in aller Munde“ sein. Ein Benutzer von Online Communities achtet wenig auf Beiträge von Marken oder Unternehmen, aber wenn Freunde des Benutzers diese Beiträge weiterempfehlen oder kommentieren, wird er ein viel größeres Interesse daran haben. Auf diese Weise treten Effekte wie beim viralen Marketing[158] ein und diese können die Erreichung der nachfolgenden Ziele nach sich ziehen.

---

[156] Vgl. Heymann-Reder (2011), S. 17.

[157] Vgl. Weinberg (2010), S. 5 f.

[158] Virales Marketing befasst sich mit der Verbreitung der Werbebotschaften durch Personen an deren Bekannte. Die Person erzählt dabei von sich aus über die Marke, im besten Fall wird sie weiter empfohlen. Durch diese Mundpropaganda kann die Ausbreitung der Werbebotschaft exponentiell ansteigen. Vgl. Kirby/ Marsden (2006), S. 88.

- **Stärkung des Markenbewusstseins:** Durch erfolgreiches Social Media Marketing steigert man die Bekanntheit seiner Marke. Hinterlässt man in Online Communities einen guten Eindruck, fördert das bei bestehenden Konsumenten die Identifikation mit der Marke. Aber auch bei Verbrauchern, die die Marke noch nicht nutzen, kann ein bleibender, positiver Eindruck entstehen.

- **Mehr Besucher auf der eigenen Website:** Durch die Präsenz in Online Communities hat eine Marke vielerlei Möglichkeiten mithilfe Verlinkungen auf die eigene Website weiterzuleiten. So gelingt es, den Traffic des eigenen Webauftritts zu erhöhen, wo Benutzer ausführlich über eigene Produkte informiert und zum Kauf animiert werden können.

- **Beeinflussung von Kaufentscheidungen:** Bei 83% der online getätigten Käufe wurde vorher das Internet genutzt, um sich über das Produkt zu informieren.[159] Produktbewertungen und v.a. Empfehlungen, die zum Grundgedanken von Social Media zählen,[160] können dabei einen positiven oder negativen Einfluss auf die Kaufentscheidung ausüben.[161]

All dies kann dafür sorgen, dass neben dem Kernprodukt, dem Added Value durch Dienstleistungen und dem Markenerlebnis[162] der Markennutzen durch einen vierten Faktor angereichert wird: der Community-Erfahrung (siehe Abb. 3). So kann ein zusätzliches Differenzierungsmerkmal gegenüber anderen Marken geschaffen werden, weswegen Konsumenten die Marke sympathisch finden oder ihr loyal bleiben können.[163]

Was bei diesen Zielen noch fehlt, ist die Betrachtung von Geldwerten. Die oben genannten Ziele werden, wenn sie erfüllt werden, finanzielle Erfolge bringen.[164] Eine Investitionsrendite zu berechnen gestaltet sich trotzdem schwierig, da der ROI auf

[159] Vgl. Hoffmann (2011).
[160] Vgl. Weinberg (2010), S. 6.
[161] Vgl. Koch/ Pfeifer (2011), S. 32.
[162] Vgl. Kapitel 2.2.1.
[163] Vgl. Herrmann/ Huber (2009), S. 321.
[164] Vgl. Weinberg (2010), S. 9.

Geldwerten basiert, Social Media aber v.a. menschliche Interaktionen und Diskussionen produziert, die nicht in Zahlen messbar sind.[165] Social Media Marketing wirkt langfristig, deswegen macht eine ROI-Messung auch erst nach einer gewissen Zeit Sinn, wenn die Social Media Aktivitäten fruchten konnten.[166]

Abbildung 4: Erweiterte Ansicht des Kernprodukts mit Zusatznutzen
Quelle: Eigene Darstellung in Anlehnung an Herrmann/ Huber (2009), S.321.

2.4.3 Social Media Marketing auf Facebook

Da Facebook das zu betrachtende Social Network dieser Studie ist, soll hier beispielhaft gezeigt werden, wie sich Social Media Marketing in diesem Netzwerk gestaltet. Für Facebook gibt es zahllose Zusatzanwendungen und Plug-Ins,[167] diese alle vorzustellen würde an dieser Stelle keinen Sinn machen, deshalb stehen hier die häufig genutzten Grundfunktionalitäten im Fokus.

Wie in Kapitel 2.3.5 beschrieben, kann eine Marke eine *Offizielle Seite* erstellen, um auf Facebook vertreten zu sein. Diese kann mithilfe von vielen Funktionen personali-

---

[165] Vgl. Falls (2008).
[166] Vgl. Heymann-Reder (2011), S. 94.
[167] Vgl. Heymann-Reder (2011), S. 121.

siert werden. Zunächst können die Standard-Funktionalitäten erwähnt werden, auf die auch gewöhnliche Benutzer Zugriff haben. Dazu zählen das Füllen des eigenen Profils mit Informationen, das Hochladen von Fotos oder die eigene Pinnwand.[168] Da die Pinnwand das meist genutzte Kommunikationsmittel auf Facebook ist, lässt sich diese gut als Plattform nutzen, um darauf Neuigkeiten oder Ankündigungen der Marke zu veröffentlichen. Gleichzeitig findet hier die direkte Kommunikation mit anderen Benutzern statt, da diese auf veröffentlichte Pinnwandeinträge antworten können.[169]

Es sollte allerdings erwähnt werden, dass Facebook deutlich zwischen Seiten von Marken, Unternehmen o.ä. und Profilen von Personen unterscheidet.[170] So ist es auf einer Marken-Seite z.B. nicht möglich, Hobbys oder Lieblingsfilme anzugeben und auch die Möglichkeit, sich als Marke mit jemandem zu befreunden, ist nicht vorhanden. Als Ersatz für Letzteres dient der „Gefällt mir“ Button, mit dem Personen-Profile sich mit einer Markenseite verbinden können.[171]

In der Anfangszeit des Netzwerks, nachdem es für die Öffentlichkeit zugänglich war, hatten sich einige Marken als „normale Personen“ in dem Netzwerk angemeldet. Nachdem den Betreibern von Facebook das aufgefallen war, schufen sie die *Offiziellen Seiten* und erstellten gesonderte Nutzungsbedingungen, um ein klares Regelwerk für Marken auf Facebook zu schaffen.[172] Gleichzeitig erhielten *Offizielle Seiten* Funktionen, die über die Anwendungen eines persönlichen Profils hinausgehen. Es besteht zum Beispiel die Möglichkeit, neben Fotos auch Videos (wie bei dem Facebookauftritt von Nutella)[173] oder sogar Casual-Games[174] (wie bei Red Bull)[175] zur Verfügung zu stellen und seinen Facebookauftritt damit multimedialer zu gestalten. Es ist auch möglich, neben Pinnwand und Profil zusätzliche Seiten

[168] Vgl. Weinberg (2010), S. 170 ff.
[169] Vgl. Zarrella/ Zarrella (2011), S. 75.
[170] Vgl. Zarrella/ Zarrella (2011), S. 23.
[171] Vgl. Zarrella (2010), S. 77.
[172] Vgl. Zarrella (2010), S. 49.
[173] Vgl. http://de-de.facebook.com/nutelladeutschland?sk=app_2392950137
[174] Casual Games sind Videospiele, die kurz und einfach gehalten werden, um ein unkompliziertes Spielen zu ermöglichen. Sie sind leicht erlernbar und zielen auf kurzweilige Unterhaltung ab. Anders als Core-Games sind sie nicht in Geschäften zu kaufen, sondern werden meist kostenlos auf Webseiten zur Verfügung gestellt. Vgl. Trefry (2010), S. 1 f.
[175] Vgl. http://www.facebook.com/redbull?sk=app_9279253524

anzulegen, um damit verschiedene Inhalte zu vermitteln. Marken können so bspw. neue Produkte ausführlich vorstellen,[176] eigene Anwendungen implementieren und zur Verfügung stellen[177] oder Gewinnspiele veranstalten[178]. Man hat somit viele Möglichkeiten, die Marke bei Facebook auffallend darzustellen. Mittlerweile haben viele Marken ihre Facebookauftritte entsprechend ausgestattet, deshalb müssen Marken dem Nutzer originelle Ideen und Inhalte bieten, um Aufmerksamkeit zu erregen.[179]

Social Media Marketing auf Facebook ist unter Unternehmen weit verbreitet. Vorreiter wie Coca-Cola[180] verfügen über virtuelle Fangemeinden mit mehr als 31 Mio. Benutzern.[181] Auch deutsche Unternehmen sind auf Facebook aktiv, von den Dax 30-Unternehmen sind momentan 80% in dem Netzwerk vertreten. Am meisten Popularität genießt dabei der Sportartikelhersteller Adidas, der gleich mit mehreren Facebookauftritten vertreten sind.[182]

2.4.4 Herausforderungen und Risiken des Social Media Marketings

Mitglied in einer Online Community zu sein und Inhalte bereitzustellen, reicht noch nicht, um wirkungsvoll mit den Benutzern zu kommunizieren.[183] „Der Content ist König" lautete eine weit verbreitete Weisheit im Online-Markenmanagement die besagt, dass die Qualität der Inhalte der entscheidende Faktor ist, um große Aufmerksamkeit in Online Community zu erreichen.[184] Mittlerweile wird diese Auffassung angezweifelt. Bei der Fülle an Informationen im Internet bedarf es einer gezielten Verbreitungsstrategie der eigenen Botschaft, damit sie von Benutzern aufgenommen und

---

[176] Vgl. http://de-de.facebook.com/axe?sk=app_11007063052
[177] Vgl. http://www.facebook.com/haribo?sk=app_349422026218
[178] Vgl. http://www.facebook.com/girosuchthero?sk=app_217636824918534
[179] Vgl. Weinberg (2010), S. 178 ff.
[180] Der Facebookauftritt von Coca-Cola wurde nicht von der Marke selbst sondern von einem Fan angelegt. Er gewann schnell an Popularität und Coca-Cola hat den Auftritt schließlich zu seinem offiziellen Auftritt gemacht, hat aber dem ursprünglichen Gründer die Leitung der Seite gelassen. Vgl. Zarrella (2010), S. 77.
[181] Vgl. http://www.facebook.com/cocacola?v=app_161193133389
[182] Vgl. König (2011).
[183] Vgl. Weinberg (2010), S. 4.
[184] Vgl. Mercer (2002), S. 161.

weiter verbreitet werden kann. Denn von alleine werden diese Nutzer nicht auf die Social Media Präsenzen der Marke kommen.[185] Deshalb ist es auch ratsam, sich nicht auf eine Online Community zu beschränken.[186]

Eine weitere Herausforderung, die es in diesem Rahmen zu beachten gilt, ist, dass eine Online Community richtig genutzt werden muss, um dort akzeptiert zu werden. Richtig heißt hier, dass man der Community „zuhört", dass man herausfindet, wofür sie steht und wie man mit ihren Benutzern umgeht. Es klappt nicht, der Online Community seine eigene Werbebotschaft aufzwingen zu wollen, stattdessen sollte die Marke sich ihr anpassen, auf die Bedürfnisse der Benutzer eingehen und so eine Beziehung aufbauen.[187] Wenn der Markenauftritt in einer Video-Community, in der sich die User kurze, von anderen Usern gedrehte Filme zur Unterhaltung ansehen, einfach die im Fernsehen ausgestrahlten Werbespots bereitstellt, wird das vermutlich ignoriert werden. Werden stattdessen neue Filme gedreht, die neben der Werbebotschaft auch einen Zusatznutzen für die Benutzer haben – in diesem Fall wäre das die Unterhaltung – so kann die Marke als vollwertiges Mitglied der Community akzeptiert werden.

Social Media Marketing heißt auch, dass die Marke die vollständige Kontrolle über ihre Werbebotschaft abgibt. Social Media lädt die Benutzer zur offenen Kommunikation mit der Marke ein, diese kann sich aber auch negativ entwickeln.[188] Es kann Kritik und Abneigung gegen die Marke geäußert werden und damit umzugehen erfordert Feingefühl und eine Unternehmenskultur, die auf Kritik eingehen kann. Das Beschwerdemanagement wird hierbei vor neue Herausforderungen gestellt.[189] Es ist auch möglich, dass die Stimmung der Community sich durch ein eigenes Fehlverhalten gegen die Marke richtet. Missverständliche Aussagen, versehentliche Bekanntmachung von Betriebsgeheimnissen oder herabwürdigende Kommentare auf Beiträge von anderen Benutzern können sich schnell verbreiten.[190]

[185] Vgl. Weinberg (2010), S. 18 f.
[186] Vgl. Weinberg (2010), S. 9.
[187] Vgl. Weinberg (2010), S. 4 f.
[188] Vgl. Weinberg (2010), S. 19.
[189] Vgl. Hettler (2010), S. 255.
[190] Vgl. Hettler (2010), S. 256.

Auch Ideen, die auf den ersten Blick gut wirken, können sich so gegen den Markenhersteller wenden. Ein bekanntes Beispiel dafür ist der „Mein Pril"-Wettbewerb der Spülmittelmarke Pril, bei dem Benutzer Etiketten-Designs für Spülmittelflaschen entwerfen konnten. Per Facebook-Abstimmung wurden daraus dann Favoriten gewählt. Allerdings wurden auch viele humoristische und nicht zu Pril passende Entwürfe eingereicht, die sehr viele Stimmen erhielten. Pril entfernte daraufhin Beiträge dieser Art, da diese nach eigenen Angaben keine Akzeptanz im Handel erreichen würden. Eine grundsätzlich verständliche Einstellung, dabei wurde allerdings die Dynamik von Social Networks unterschätzt. Anstatt die offene Kommunikation mit den Nutzern zu suchen oder seine Entscheidung zu erklären, hielt Pril unbeirrt an der eigenen Position fest und verärgerte damit die Community, die sich um eine demokratische Abstimmung beraubt sah. Aus einer eigentlich guten Idee zum Social Media Marketing resultierten somit schließlich negative PR-Schlagzeilen über das Verhalten der Marke Pril im Social Web.[191]

Es sollte auch nicht vergessen werden, dass Social Media Marketing ein noch relativ junges Feld ist, weshalb noch nicht viele Erfahrungswerte zu dieser Disziplin erhoben wurden.[192] Wirklich sichere Strategien gibt es noch nicht, es wird hier noch viel experimentiert. Die Resonanz in den Online Communities ist dabei ein Indikator, der über Erfolg oder Misserfolg einer Social Media Aktivität Auskunft geben kann, aber da diese Reaktionen nicht vorhersehbar sind, birgt Social Media Marketing immer ein gewisses Risiko.[193] Hinzu kommt, dass sich Social Media noch in einer laufenden Entwicklung befindet und dass es sich durch neue technische Möglichkeiten und Innovationen jederzeit weiterentwickeln kann.[194]

Bisher nur angeschnitten wurde die Frage, inwiefern eine Präsenz in Online Communities Auswirkungen auf die Authentizität einer Marke hat. Sich an die Community anzupassen, um deren Benutzer auf sich aufmerksam zu machen, mag auf den ersten Blick sinnvoll erscheinen, aber hat es negative Auswirkungen, wenn man dabei sein eigenes Markenimage untergräbt? Inwieweit Social Media Aktivitäten einen

[191] Vgl. Breithut (2011).
[192] Vgl. Hettler (2010), S. 255.
[193] Vgl. Weinberg (2010), S. 45.
[194] Vgl. Hettler (2010), S. 255.

Einfluss auf die Markenauthentizität haben, soll in folgendem Untersuchungsmodell erarbeitet werden.

3. Herleitung des Untersuchungsmodells zum Einfluss eines Facebookauftritts auf die Markenauthentizität

3.1 Modellhafte Darstellung der Markenauthentizität und ihrer Determinanten

Das zentrale Konstrukt des Untersuchungsmodells ist die wahrgenommene Markenauthentizität. Wie zuvor herausgearbeitet, werden als zugehörige exogene Variablen der Markenauthentizität Kontinuität, Konsistenz und Individualität verwendet.[195] Das Modell stützt sich hierbei auf das Untersuchungsmodell zur wahrgenommen Markenauthentizität von Burmann und Schallehn:

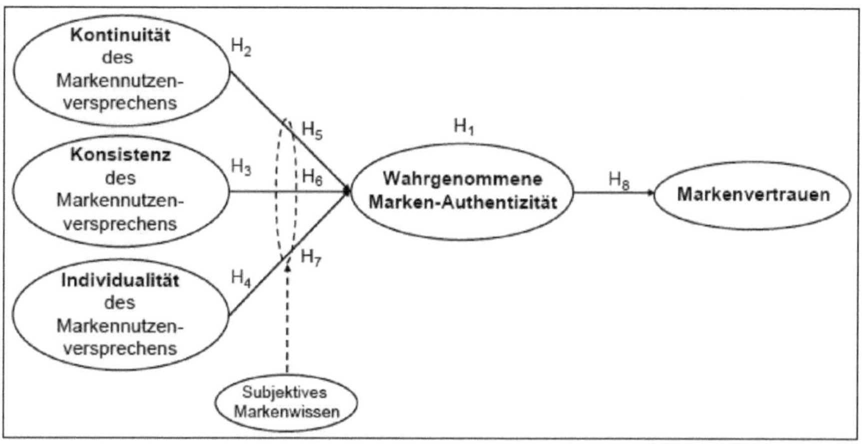

Abbildung 5: Untersuchungsmodell zur wahrgenommen Markenauthentizität von Burmann und Schallehn
Quelle: Vgl. Burmann/ Schallehn (2010), S. 67.

Bei diesem Modell ist das Ziel die Konzeptualisierung der Markenauthentizität und dazu wurden Determinanten hergeleitet. Burmann und Schallehn verwenden eben-

[195] Vgl. Kapitel 2.2.2.1.

falls Kontinuität, Konsistenz und Individualität als Konstrukte zur Erklärung der Markenauthentizität.[196] Bei dieser handelt es sich um ein bisher wenig erforschtes Konstrukt,[197] deshalb wurden explorative Konsumentenbefragungen durchgeführt, um das Modell zu bestätigen.[198]

Die erste Hypothese des Modells von Burmann und Schallehn besagt, dass es sich bei der wahrgenommenen Markenauthentizität um ein eindimensionales Konstrukt handelt. Diese Annahme wurde durch die Konsumentenbefragung bestätigt,[199] deshalb wird auch bei dem Untersuchungsmodell in dieser Studie von einer Eindimensionalität der Markenauthentizität ausgegangen, d.h. sie wird durch eine Dimension erklärt. Ähnlich wie bei der Betrachtung einer Person, wird die Authentizität einer Marke subjektiv wahrgenommen[200] und wie beim Markenimage kann sie jedes Individuum unterschiedlich bewerten.[201]

Kontinuität bei Facebookauftritten bedeutet in diesem Zusammenhang, dass nicht ständig Änderungen an der Erscheinung und am Auftritt selbst vorgenommen werden.[202] Der Auftritt muss eine gewisse Nachhaltigkeit zeigen, was aber nicht nur für das Erscheinungsbild, sondern auch für die Bedienung, die Menüführung, die verwendeten Applikationen und deren Qualität gilt.[203] Wird z.B. jede Woche eine neue Inhaltsseite erstellt, dafür aber eine andere gelöscht, spricht das nicht für Kontinuität und kann den Benutzer verwirren. Auch „Kleinigkeiten“ wie der Umgangston, den die Marke anschlägt, kann einen kontinuierlichen Eindruck zerstören, wenn bspw. die Benutzer immer abwechselnd mit „du“ und „Sie“ angesprochen werden. Kontinuität hindert die Betreiber des Markenauftritts jedoch nicht daran, neue Inhalte und Applikationen auf dem Facebookauftritt bereitzustellen. Dieser neue Content muss nur nahtlos zum bisherigen Markenauftritt passen und darf keine Schwankungen im Niveau und in der Qualität der Beiträge aufweisen.[204]

---

[196] Vgl. Burmann/ Schallehn (2010), S. 64 f.
[197] Vgl. Burmann/ Schallehn (2008), S. 42.
[198] Vgl. Burmann/ Schallehn (2010), S. 45.
[199] Vgl. Burmann/ Schallehn (2010), S. 63 ff.
[200] Vgl. Exler (2008), S.113 f. ; vgl. Burmann/ Schallehn (2010), S. 44.
[201] Vgl. Burmann/ Schallehn (2010), S. 49.
[202] Vgl. Heymann-Reder (2011), S. 17 f.
[203] Vgl. Heymann-Reder (2011), S. 17 ff.
[204] Vgl. Heymann-Reder (2011), S. 17.

Im Modell von Burmann und Schallehn wirkt die Kontinuität als vergangenheitsbezogenes Konstrukt.[205] Sie wird dort als „Kontinuität des Markennutzenversprechens“ definiert und übt einen positiven Einfluss auf die Markenauthentizität aus[206], was im Rahmen einer Konsumentenbefragung validiert wurde.[207] Deshalb kann dieser Zusammenhang auch in das zu untersuchende Modell Eingang finden.

Anders als bei Burmann und Schallehn, die die Markenauthentizität im Allgemeinen geprüft und das Markennutzenversprechen mit dem gesamten Markenauftreten verglichen haben,[208] wird die Kontinuität in dieser Studie nicht anhand des Markennutzenversprechens bestimmt, sondern auf den Facebookauftritt im Speziellen bezogen. Dies ist notwendig, um den Besonderheiten im Social Web Rechnung zu tragen und die in diesem Umfeld interessierenden Beziehungen herauszufinden. Der Name des zugehörigen Konstrukts lautet damit „Kontinuität des Facebookauftritts“ und mit diesem lässt sich – in Anlehnung an Burmann und Schallehn – die erste Hypothese formulieren:

H1: Die wahrgenommene Kontinuität des Facebookauftritts der Marke hat einen positiven Einfluss auf die wahrgenommene Markenauthentizität.

Als zweite Determinante wird die Konsistenz betrachtet. Ein Facebookauftritt ist mit dem Markenimage konsistent, wenn der Auftritt das widerspiegelt, was die Konsumenten mit der Marke verbinden. Dazu muss der Facebookauftritt zu den anderen Markenmanagementaktivitäten der Marke passen.[209] Wird z.B. im Fernsehen ein Werbespot ausgestrahlt, der mit frechen humoristischen Elementen Aufmerksamkeit erzeugen will, passt das nicht zu einem ernsten, konservativ geprägten Markenauftritt. Die verbreiteten Botschaften, vermittelten Werte oder die verwendeten Markenfarben; all das sollte der Facebookauftritt aufgreifen, um als mit dem Markenimage konsistent angesehen werden zu können.

[205] Vgl. Burmann/ Schallehn (2010), S. 64.
[206] H2 im Untersuchungsmodell zur wahrgenommen Markenauthentizität; vgl. Abb. 5.
[207] Vgl. Burmann/ Schallehn (2010), S. 60 ff.
[208] Vgl. Burmann/ Schallehn (2010), S. 53 ff.
[209] Vgl. Heymann-Reder (2011), S. 17.

Im Modell von Burmann und Schallehn lautet der Name des entsprechenden Konstrukts „Konsistenz des Markennutzenversprechens“.[210] Sie ist die gegenwartsbezogene Determinante und vergleicht das Markennutzenversprechen mit den Merkmalen, die von der Marke konsistent am Markt umgesetzt werden.[211] In dieser Studie wird der Facebookauftritt der Marke dieses Merkmal darstellen. Das Markennutzenversprechen wird hier auf das Markenimage ausgeweitet, da der Facebookauftritt die gesamte Marke repräsentiert und nicht nur deren Nutzenversprechen. Es wird demnach die Konsistenz zwischen dem Facebookauftritt und dem Markenimage geprüft.

Burmann und Schallehn konnten den Nachweis erbringen, dass die Konsistenz des Markennutzenversprechens einen positiven Einfluss auf die wahrgenommene Markenauthentizität hat[212] und basierend darauf kann die folgende Hypothese aufgestellt werden:

H2: Die wahrgenommene Konsistenz zwischen dem Facebookauftritt der Marke und dem Markenimage hat eine positive Auswirkung auf die wahrgenommene Markenauthentizität.

Die letzte der drei Determinanten, die Individualität, dient der Differenzierung zu anderen Marken.[213] Als individuell wird ein Markennutzenversprechen bezeichnet, das Merkmale aufweist, die es einzigartig und unverwechselbar erscheinen lassen.[214] Für die Individualität eines Facebookauftritts gilt dasselbe. Als individuell ist er einzustufen, wenn er sich von den Facebookauftritten anderer Marken abhebt. Er muss etwas Neues bieten und einen Mehrwert für den Betrachter schaffen. Dieser darf sich nicht wie auf irgendeinem anderen Facebookauftritt fühlen, sondern muss klare Differenzierungsmerkmale geboten bekommen. Um das zu erreichen, kann der Markenauftritt z.B. exklusive Inhalte, Spiele oder Videos zur Unterhaltung anbieten.

---

210 H3 im Untersuchungsmodell zur wahrgenommen Markenauthentizität; vgl. Abb. 5.
211 Vgl. Burmann/ Schallehn (2010), S. 64; vgl. Erdem/Swait (1998), S. 152.
212 Vgl. Burmann/ Schallehn (2010), S. 60 ff.
213 Vgl. Burmann/ Schallehn (2010), S. 64.
214 Vgl. Richter (2007), S. 140.

Mit der „Individualität des Markennutzenversprechens" wird der proklamierte Markennutzen mit denen anderer Marken verglichen.[215] Da in dieser Studie der Markenauftritt bei Facebook das Vergleichsobjekt ist, wird hier das Konstrukt „Individualität des Facebookauftritts" verwendet.

Genau wie die anderen beiden Determinanten bewährte sich auch die „Individualität des Markennutzenversprechens" als positiver Einflussfaktor der Markenauthentizität im Modell von Burmann und Schallehn.[216] Diese Beziehung wird in das Modell dieser Studie transferiert, woraus sich die dritte Hypothese ableiten lässt:

H3: Die wahrgenommene Individualität des Facebookauftritts der Marke hat einen positiven Einfluss auf die wahrgenommene Markenauthentizität.

Im Modell von Burmann und Schallehn gibt es ein weiteres Konstrukt, das zwischen den drei Determinanten und der wahrgenommenen Markenauthentizität liegt. Das „Subjektive Markenwissen" wirkt direkt auf die Beziehungen von Kontinuität, Konsistenz und Individualität und verstärkt deren Einfluss (Hypothese H5, H6 und H7); je höher ein Konsument sein Markenwissen einschätzt, desto größer sind die Auswirkungen der drei Determinanten.[217] Das „Subjektive Markenwissen" wird in dieser Studie keine Rolle spielen. Bei Facebook stellen sich die Marken selbst dar, wenn also kein Wissen über die Marke vorhanden ist, kann ein Betrachter es sich auf dem Facebookauftritt aneignen. Die Effekte dieser Selbstdarstellung sind es, die gemessen werden sollen, deshalb eignet sich diese Studie nicht, um das Konstrukt des subjektiven Markenwissens differenziert zu betrachten. Darüber hinaus wird für die Untersuchung ein Markenbeispiel gewählt, dass dem Großteil der Konsumenten geläufig ist.

Es kann grundsätzlich davon ausgegangen werden, dass Erfahrungen mit einem Objekt, die in der Vergangenheit liegen, auch heute noch einen Einfluss auf unsere

[215] Vgl. Burmann/ Schallehn (2010), S. 64.
[216] H4 im Untersuchungsmodell zur wahrgenommen Markenauthentizität. Vgl. Abb. 5; vgl. Burmann/ Schallehn (2010), S. 60 ff.
[217] Vgl. Burmann/ Schallehn (2010), S. 65 f.

Wahrnehmung auf dieses Objekt haben.[218] Überträgen auf eine Marke bedeutet das: Wenn die Marke ein kontinuierliches Markenmanagement betreibt, dann stimmen die Erfahrungen aus der Vergangenheit mit den gegenwärtigen überein. Es liegt damit eine Konsistenz zwischen diesem Markenmanagement und dem Markenimage vor, andernfalls käme es zu Anpassungen des Markenmanagements, die Kontinuität der Markenführung würde also aufgebrochen werden. In Extremfällen ist es sogar denkbar, dass ein mit dem Markenimage inkonsistentes Markenmanagement durch eine unbeirrbar kontinuierliche Ausführung das Markenimage beeinflusst und es dem kontinuierlichen Markenmanagement anpasst. Auch dann läge wieder eine Konsistenz zwischen Markenmanagement und Markenimage vor.

Dass die Kontinuität eines Auftretens Einfluss auf dessen Konsistenz hat, ist ein Ansatz, der aus der Psychologie stammt[219] und der noch nicht bei der Betrachtung einer Marke geprüft wurde. Die folgende Hypothese, die sich auf die Kontinuität und Konsistenz des Facebookauftritts einer Marke bezieht, basiert somit auf eigenen Annahmen:

H4: Die wahrgenommene Kontinuität des Facebookauftritts der Marke hat einen positiven Einfluss auf die wahrgenommene Konsistenz zwischen dem Facebookauftritt der Marke und dem Markenimage.

Ist die Konsistenz zwischen dem Facebookauftritt der Marke und dem Markenimage gegeben, spiegelt der Auftritt das Bild der Marke wieder, der identitätsbezogene Markenführungsansatz spricht hier auch von der Persönlichkeit der Marke. Wenn dies der Fall ist, wird die Markenpersönlichkeit mit all ihren Werten im Facebookauftritt dargestellt und damit auch mit ihren individuellen Eigenschaften. Bei einer hohen Konsistenz ist deshalb mit einer Wiedergabe der Markenindividualität zu rechnen und das wird sich wiederum positiv auf die Individualität des Facebookauftritts auswirken. Vergleichbare Thesen sind in der Psychologie zu finden, in denen die Individualität einer Person auch mit der Konsistenz ihres Verhaltens erklärt wird.[220] In Bezug auf

[218] Vgl. Pervin, Cervone, John (2005), S. 52 f.
[219] Vgl. Pervin, Cervone, John (2005), S. 49 f.
[220] Vgl. Jost (2008), S. 39 ff.

eine Marke wurde dieser Zusammenhang noch nicht untersucht, weshalb auch Hypothese H5 auf selbst angestellten Überlegungen beruht.

H5: Die wahrgenommene Konsistenz zwischen dem Facebookauftritt der Marke und dem Markenimage hat eine positive Auswirkung auf die Individualität des Facebookauftritts der Marke.

Anhand der bisherigen Erkenntnisse lässt sich eine erste vorläufige Darstellung des Untersuchungsmodells anfertigen. Dabei bleibt noch zu untersuchen, welche weiteren Faktoren für das Modell zur Erklärung der Markenauthentizität eine Rolle spielen und welchen Impact die Markenauthentizität auf noch zu bestimmende, erfolgsrelevante Konstrukte hat.

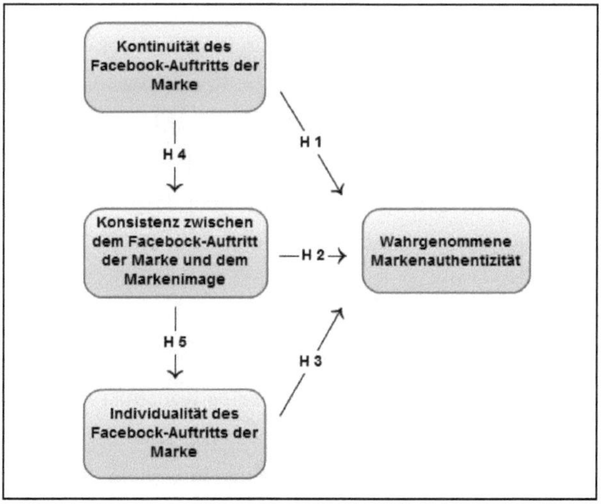

Abbildung 6: Erste Version des Untersuchungsmodells: Die wahrgenommene Markenauthentizität und ihre Determinanten
Quellen: Eigene Darstellung.

3.2 Der Facebook-Marken-Fit

Neben der Marke, deren Facebookauftritt betrachtet wird, spielt auch die Umgebung, in der die Marke platziert wird – in diesem Falle das Social Web, nämlich Facebook – eine Rolle. Vor diesem Hintergrund ist der so genannte Markenfit von Bedeutung. Der Fit bezeichnet im Allgemeinen das Ergebnis eines Vergleichsprozesses, der angibt, wie gut zwei Konstrukte miteinander kompatibel sind. Der Markenfit gibt folglich an, wie gut die Images der beiden Marken subjektiv zusammenpassen.[221]

Ein hoher Markenfit führt zu einer besseren Beurteilung der Kooperationsleistung. Das wurde in Studien von Simonin und Ruth sowie von Huber nachgewiesen,[222] die Betrachtung eines Fit-Konstrukts lohnt somit auch in diesem Zusammenhang. Der Fit wird deshalb auf das Untersuchungsobjekt Facebook übertragen.

Das Untersuchungsmodell wird um das Konstrukt „Facebook-Marken-Fit" ergänzt, welches beschreibt, wie gut Facebook mit der im Social Network vertretenen Marke vereinbar ist. Dabei fließt bewusst nicht das Konstrukt „Markenfit" ein, da in dieser Studie eine der beteiligten Marken, nämlich Facebook, genauer spezifiziert und als nicht variabel definiert wird. Es wird also nicht die Kooperation zweier beliebiger Marken betrachtet, sondern der spezifische Fall des Facebookauftritts einer Marke, den man dennoch als Kooperationsleistung betrachten kann. So ist das zu untersuchende Konstrukt in diesem Fall der Facebook-Marken-Fit.

Da der Facebook-Marken-Fit ein selbst entwickeltes Konstrukt ist, kann sich an dieser Stelle auf keine Vorgängerstudien berufen werden. Dennoch wird die These aufgestellt, dass ein hoher Facebook-Marken-Fit einen indirekten, positiven Einfluss auf die Markenauthentizität hat. Wenn eine Marke ein internetaffines, Community-orientiertes Image aufgebaut hat, stützt ein Facebookauftritt dieses Image, wodurch sie authentischer erscheint, während eine Marke, die mit den Werten von Facebook nicht vereinbar ist, unauthentisch wirkt, wenn sie trotzdem eine Präsenz in diesem Social Network betreibt.

221 Vgl. Vogel/ Huber (2007), S. 63.
222 Vgl. Simonin/ Ruth (1998); vgl. Huber (2005), S. 158 f.

Der Markenfit betrachtet die Konsistenz und die Komplementarität zwischen zwei Marken.[223] Da es quasi in der Natur des Fits liegt, die Konsistenz zwischen zwei Größen zu beschreiben, wird davon ausgegangen, dass der Facebook-Marken-Fit positive Auswirkungen auf die Konsistenz zwischen dem Facebookauftritt der Marke und dem Markenimage hat. Liegt ein niedriger Facebook-Marken-Fit vor, wird das die Konsistenz schwächen, da das Markenimage dann nicht mehr ohne Weiteres mit dem Markenauftritt bei Facebook vereinbar sein kann. Ein positiver Facebook-Marken-Fit stellt damit eine Bedingung dar, dass eine Konsistenz zwischen dem Facebookauftritt und dem Image der Marke bestehen kann. Das als Voraussetzung nehmend, kann die folgende Hypothese aufgestellt werden:

H6: Der wahrgenommene Facebook-Marken-Fit hat eine positive Auswirkung auf die Konsistenz zwischen dem Facebookauftritt der Marke und dem Markenimage.

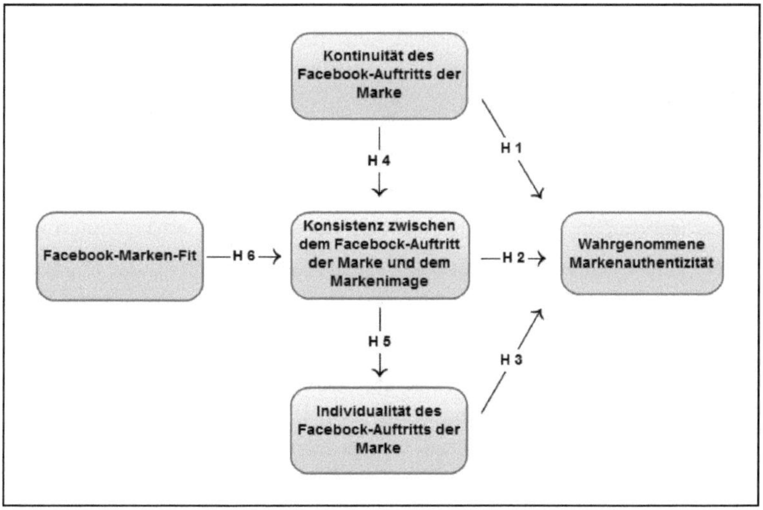

Abbildung 7: Zweite Version des Untersuchungsmodells: Ergänzung des Facebook-Marken-Fits
Quellen: Eigene Darstellung.

[223] Vgl. Vogel/ Huber (2007), S. 105 ff.

3.3 Das Markenvertrauen

Damit die Markenauthentizität als ein Konstrukt betrachtet werden kann, dass für die strategische Markenführung eine wesentliche Rolle spielt, braucht sie eine Verbindung zu einem erfolgsrelevanten Wirkungskonstrukt.[224]

Als solches kann das Markenvertrauen angesehen werden. Vertrauen ist ein mehrdimensionales Konstrukt, das zum einen die Einstellung gegenüber dem relevanten Vertrauensobjekt umfasst, sich zum anderen aber auch in der Bereitschaft ausdrückt, sich auf das Vertrauensobjekt zu verlassen, auch wenn das negative Konsequenzen nach sich ziehen kann.[225] Jemandem zu vertrauen wird als riskante Vorleistung des Vertrauensgebers an den Vertrauensnehmer betrachtet,[226] bei der der Vertrauensgeber nicht sagen kann, ob sich das Vertrauen auszahlen oder ob er es später bereuen wird.

Überträgt man diese Betrachtungsweise auf das Verhältnis zwischen Marke und Konsument, kann die riskante Vorleistung der Kauf eines Produkts der Marke sein. Wenn das Produkt die Erwartungen des Konsumenten erfüllt, hat sich das Vertrauen bestätigt. Markenvertrauen lässt sich somit als die Einschätzung definieren, ob eine Marke das Vertrauen verdient hat, und die Bereitschaft, sich auf die Marke zu verlassen.[227] Das wahrgenommene Kaufrisiko des Konsumenten wird dadurch gesenkt, was ihm die Kaufentscheidung erleichtert. Er tendiert dadurch zu der Marke, für die er Vertrauen empfindet.[228] Damit erfüllt das Markenvertrauen einen erfolgsrelevanten Effekt im Markenmanagement und ist deshalb erstrebenswert.[229] Vertrauen ist aber nicht schnell zu erreichen, meist muss es sich erst langsam aufbauen. Das geschieht größtenteils über positive Erfahrungen, die der Konsument mit der Marke gemacht hat.[230]

[224] Vgl. Burmann/ Schallehn (2010), S. 66.
[225] Vgl. Einwiller (2003), S. 80.
[226] Vgl. Peters (2008), S. 77.
[227] Vgl. Jost-Benz (2009), S. 89; vgl. Kenning (2002), S. 13 ff.
[228] Vgl. Kroeber-Riel/ Weinberg (2003), S. 397 ff.
[229] Vgl. Morgan/ Hunt (1994), S. 25.
[230] Vgl. Geus (2005), S. 83.

In dieser Studie wird davon ausgegangen, dass die Markenauthentizität das Markenvertrauen unterstützt, denn eine authentisch wirkende Marke vermittelt dem Konsumenten ein klares Bild und macht es ihm dadurch einfacher, Vertrauen aufzubauen. Demgegenüber erschwert eine unauthentisch, künstlich wirkende Marke den Vertrauensaufbau, da man hier nicht davon ausgehen kann, dass das Markennutzenversprechen eingehalten wird. Daraus lässt sich Hypothese H7 ableiten, die auf der Studie zur Konzeptualisierung von Markenauthentizität von Burmann und Schallehn beruht.[231]

H7: Die wahrgenommene Markenauthentizität hat einen positiven Einfluss auf das Markenvertrauen.

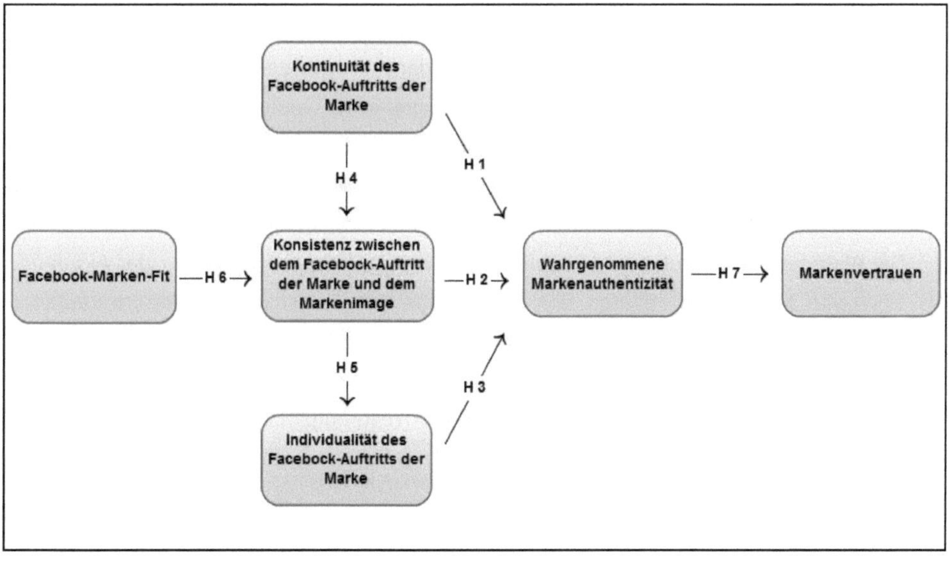

Abbildung 8: Dritte Version des Untersuchungsmodells: Ergänzung des Markenvertrauens
Quellen: Eigene Darstellung.

[231] Vgl. Burmann/ Schallehn (2010), S. 66; vgl. Abb. 5.

3.4 Die Markenloyalität

Als zweites erfolgsrelevantes Wirkungskonstrukt soll die Markenloyalität verwendet werden. Markenloyalität oder auch Markentreue bezieht sich auf die Entscheidung, ob eine Marke bei einer Kaufentscheidung wieder gewählt wird. Das setzt voraus, dass der Konsument die Marke zuvor schon einmal gewählt hat, die Loyalität betrachtet nicht die erstmalige Kaufentscheidung für eine Marke.[232] Dennoch stellt sie einen wichtigen Erfolgsfaktor dar, der auf verschiedene Weisen Wirkung zeigt:

Einen Konsumenten langfristig an die Marke zu binden, wird im Allgemeinen als fünfmal billiger eingeschätzt, als einen neuen Kunden zu akquirieren. Somit ist es kostengünstiger, seinen Kundenstamm aus loyalen Konsumenten zu bilden, anstatt ihn immer neu gewinnen zu müssen, zumal sich die Akquisitionskosten eines neuen Konsumenten erst ab einer bestimmten Dauer der Kundenbeziehung amortisieren.[233] Dadurch wird ein Großteil der Kundenbeziehungen in den ersten Jahren unrentabel. Auf der anderen Seite kann mit einer Steigerung der Kundenbindungsquote von 5% ein Anstieg der Gewinne um 25% bis 85% erreicht werden.[234]

Die geringeren Kosten bei der Schaffung von Kundenloyalität gegenüber der Akquisition von Neukunden erklären sich damit, dass sich Transaktionskosten im Laufe einer Kundenbeziehung immer weiter verringern, d.h. dass z.B. Verwaltungskosten zurückgehen und Marketingmaßnahmen gezielter und damit effizienter durchgeführt werden können.[235] Unterstützt wird das vom Weiterempfehlungsverhalten loyaler Kunden, die normalerweise keine negative Kommunikation über die Marke betreiben.[236]

Die Weiterempfehlung durch Privatpersonen gilt als äußerst effektiv, um Neukunden zu gewinnen. Deshalb führen sie zu einer Ausweitung des Kundenstamms, was wie-

[232] Vgl. Mayer (2009), S. 20.
[233] Vgl. Stauss (1999), S.221; vgl. Huber/ Regier/ Kissel (2009), S. 25.
[234] Vgl. Reichheld (1993), S. 71.
[235] Vgl. Braunstein (2001), S. 4 f.
[236] Vgl. Huber/ Regier/ Kissel (2009), S. 26 f; vgl. Bansal/Voyer (2000), S.166 ff.

derum zur Steigerung der Umsätze führt.[237] Diese werden außerdem von der Bereitschaft loyaler Kunden, Premiumpreise zu zahlen und durch deren erhöhte Kauffrequenzen und Transaktionsvolumina verstärkt.[238] Darüber hinaus entsteht bei loyalen Konsumenten die Bereitschaft, auch andere Leistungen und Produkte der Marke oder des Herstellers in Anspruch zu nehmen, man spricht hierbei von Cross-Buying.[239] Markenloyalität aufzubauen ist damit ein lohnenswertes Ziel.

Es gibt zwei dominierende wissenschaftliche Ansätze, die die Markenloyalität betrachten: Den behavioristischen Ansatz, der das Verhalten des Konsumenten, also die konkreten Auswirkungen der Markenloyalität betrachtet, und den neobehavioristischen Ansatz, der die Loyalität auf die Einstellung des Konsumenten und dessen internale Prozesse untersucht.[240] Anders als der behavioristische versucht der neobehavioristische Ansatz, die Ursachen der Loyalität gegenüber der Marke herauszufinden und betrachtet die Markenloyalität deshalb als zweidimensionales Konstrukt.[241] Diese Betrachtung würde in dieser Studie zu weit gehen, da ihr Thema nicht die Markenloyalität und ihre Ursachen ist, sondern die Markenauthentizität. Es soll geprüft werden, welche Auswirkungen die Markenauthentizität auf die Markenloyalität hat. Dafür reicht der behavioristische Ansatz aus, da er anhand des Konsumentenverhaltens misst, ob Markenloyalität vorliegt.

Um das zu überprüfen, wird das Konstrukt „Markenloyalität" in das Modell eingefügt. Laut Meffert und Burmann bildet das Markenvertrauen eine wichtige Voraussetzung für die Markenloyalität.[242] Liegt ein Vertrauen zur Marke vor, fördert das die Bereitschaft zur Loyalität, denn wenn ein Konsument einer Marke vertraut, wird er sie erneut konsumieren. Fehlt dieses Vertrauen, erscheint eine Markenloyalität nur schwer möglich. Diesen Sachverhalt haben u.a. Morgan und Hunt in empirischen Studien nachgewiesen.[243] Auch in dieser wird von einem Zusammenhang zwischen diesen beiden Variablen ausgegangen, deshalb formt sich daraus folgende Hypothese:

---

237 Vgl. Huber/ Regier/ Kissel (2009), S. 26 f.
238 Vgl. Buchanan/ Gillies (1990), S. 524; vgl. Huber/ Regier/ Kissel (2009), S. 26 f.
239 Vgl. Eckert (1994), S. 4.
240 Vgl. Jacoby/ Chestnut (1978), S.35 ff; vgl. Huber/ Regier/ Kissel (2009), S. 21.
241 Vgl. Oliver (1999), S. 35 ff.
242 Vgl. Meffert/ Burmann (1996a), S. 13 ff.
243 Vgl. Morgan/ Hunt (1994), S. 20 ff; vgl. Baumgarth (2008), S. 94; vgl. Zeplin (2006), S. 23.

H8: Das Markenvertrauen hat einen positiven Einfluss auf die Markenloyalität.

Durch diese Hypothese wirkt die Markenauthentizität bereits indirekt auf die Markenloyalität, da die Authentizität das Markenvertrauen positiv beeinflusst. Es soll aber auch ein direkter Einfluss der Markenauthentizität gemessen werden. Eine authentisch geführte Marke wird es leichter haben, die Loyalität ihrer Konsumenten zu gewinnen, als eine Marke, die nicht hinter ihrem Markennutzenversprechen steht. Markenauthentizität verleiht der Marke Adjektive wie „echt" oder „ehrlich". Personen, die nicht „echt" wirken und einem ein falsches Bild von sich selbst vermitteln, wird man gegenüber nicht ohne weiteres loyal eingestellt sein und das lässt sich auf Marken übertragen.[244] Diese Annahme wurde in dieser Form noch nicht empirisch belegt, sie soll in Form der letzten Hypothese des Untersuchungsmodells überprüft werden:

H9: Die wahrgenommene Markenauthentizität hat einen positiven Einfluss auf die Markenloyalität.

Damit wurden alle Konstrukte und Hypothesen definiert. Das vollständige Untersuchungsmodell zu den Auswirkungen eines Facebookauftritts einer Marke auf die Markenauthentizität hat damit die folgende Form:

[244] Vgl. Weber (2010), S. 61; vgl. Ringle (2006), S. 61.

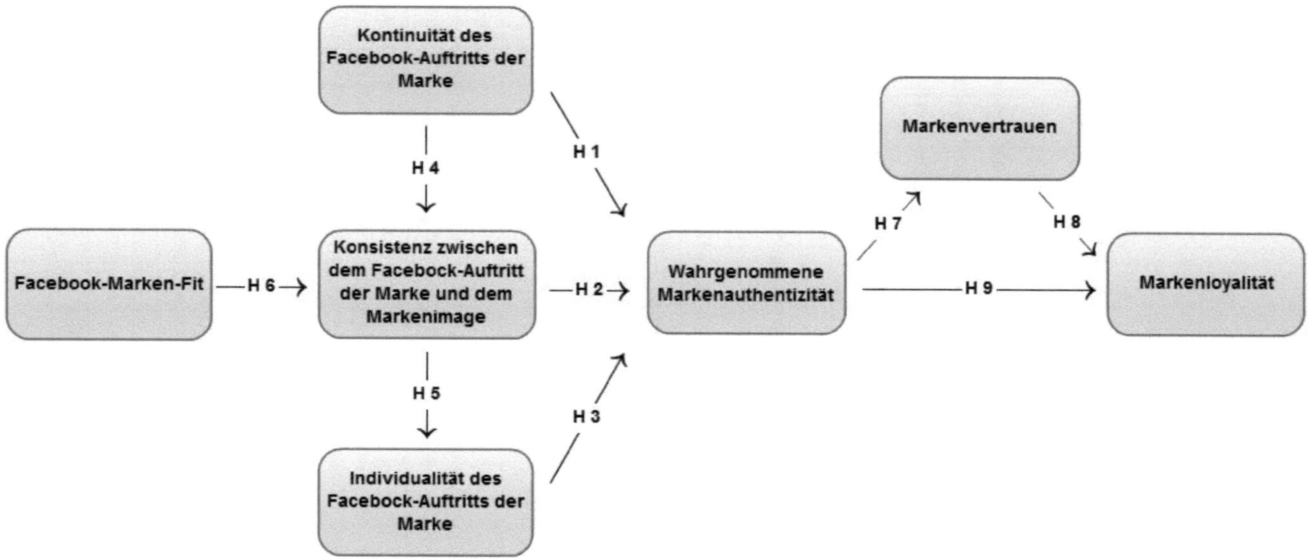

Abbildung 9: Untersuchungsmodell zur Auswirkung eines Facebookauftritts einer Marke auf die Markenauthentizität
Quellen: Eigene Darstellung.

Nr.	Hypothese
H1	Die wahrgenommene Kontinuität des Facebookauftritts der Marke hat einen positiven Einfluss auf die wahrgenommene Markenauthentizität.
H2	Die wahrgenommene Konsistenz zwischen dem Facebookauftritt der Marke und dem Markenimage hat eine positive Auswirkung auf die wahrgenommene Markenauthentizität.
H3	Die wahrgenommene Individualität des Facebookauftritts der Marke hat einen positiven Einfluss auf die wahrgenommene Markenauthentizität.
H4	Die wahrgenommene Kontinuität des Facebookauftritts der Marke hat einen positiven Einfluss auf die wahrgenommene Konsistenz zwischen dem Facebookauftritt der Marke und dem Markenimage.
H5	Die wahrgenommene Konsistenz zwischen dem Facebookauftritt der Marke und dem Markenimage hat eine positive Auswirkung auf die Individualität des Facebookauftritts der Marke.
H6	Der wahrgenommene Facebook-Marken-Fit hat eine positive Auswirkung auf die Konsistenz zwischen dem Facebookauftritt der Marke und dem Markenimage.
H7	Die wahrgenommene Markenauthentizität hat einen positiven Einfluss auf das Markenvertrauen.
H8	Das Markenvertrauen hat einen positiven Einfluss auf die Markenloyalität.
H9	Die wahrgenommene Markenauthentizität hat einen positiven Einfluss auf die Markenloyalität.

Tabelle 3: Die aufgestellten Hypothesen des Kausalmodells
Quelle: Eigene Darstellung.

Das Untersuchungsmodell mitsamt seiner Hypothesen soll im folgenden Kapitel validiert werden. Dazu werden zunächst eine geeignete Forschungsmethode und ein Untersuchungsobjekt ausgewählt und näher erläutert. Im Anschluss wird die Datenerhebung dargestellt, die für diese Studie durchgeführt wurde, bevor die einzelnen Modellkonstrukte operationalisiert werden. Nachdem diese Grundlagen geschaffen sind, sollen die Ergebnisse der Studie sowie Implikationen für Praxis und Wissenschaft vorgestellt werden.

4. Überprüfung des Untersuchungsmodells

4.1 Zur ausgewählten Forschungsmethode

4.1.1 Die Auswahl der Forschungsmethode und deren Gründe

Was im Rahmen dieser Studie durchgeführt wurde ist in der betriebswirtschaftlichen Literatur als *Kausalanalyse* oder auch *Strukturgleichungsanalyse* bekannt. Hierbei werden kausale Zusammenhängen zwischen Ursachen und Wirkungen gesucht.[245] Als strukturprüfendes (konfirmatives) Verfahren kann die Kausalanalyse Systeme von Hypothesen auf die Abhängigkeitsstruktur von den zu untersuchenden Größen anhand empirisch erhobener Daten prüfen.[246] Damit erfüllt sie die Anforderungen einer Validierung des Untersuchungsmodells zur Auswirkung eines Facebookauftritts einer Marke auf die Markenauthentizität.

Die Kausalanalyse unterscheidet zwischen messbaren Variablen, auch *Indikatoren* genannt, und *latenten Variablen.* Latent meint hierbei, dass sie nicht beobachtet werden können, sie sind nicht direkt messbar. Die Markenloyalität ist z.B. nichts, was bei einem Konsumenten während der Kaufentscheidung sichtbar ist. Latente Variablen können aber über Indikatoren gemessen werden, um sie empirisch zu analysieren.[247] Dadurch entstehen Beziehungen zwischen den latenten und beobachtbaren Variablen, die inhaltlich interpretierbar sind.[248]

Ein *Kausalmodell* setzt sich aus Hypothesen zur Erklärung latenter Variablen mithilfe von Indikatoren und aus Hypothesen zu vermuteten Zusammenhängen zwischen den latenten Variablen.[249] Diese Zusammenhänge gestalten sich aus linearen Bezie-

---

[245] Vgl. Homburg/ Pflesser (2000), S. 635.
[246] Vgl. Huber/ Regier/ Kissel (2009), S. 82.
[247] Vgl. Huber et al. (2005), S. 5.
[248] Vgl. Bickhoff et al. (2003), S. 53.
[249] Vgl. Huber et al. (2005), S. 5.

hungen,[250] die dazu dienen, die latenten Variablen miteinander zu erklären. Hierbei gibt es *exogene Variablen*, die andere latente Variablen erklären, und *endogene Variablen*, die durch exogene latente Variablen erklärt werden.[251] Insgesamt kann das Kausalmodell als Kombination aus *Messmodell* und *Strukturmodell* charakterisiert werden, da es zu jeder latenten Variable ein Messmodell benötigt, das die Zusammenhänge zwischen der latenten Variable und ihren Indikatoren widergibt, und gleichzeitig die Beziehungen der latenten Variablen als Strukturgleichungsmodell darstellt.[252]

Es gibt zwei grundsätzliche Überprüfungsverfahren, die bei der Messung von Kausalmodellen üblich sind: das *kovarianzbasierte* und das *varianzbasierte*. Beide erfüllen die bisher genannten formalen Anforderungen an die Messung eines Kausalmodells und beide erlauben auch die Integration von Messfehlern in der Modellformulierung, die bei der Kausalanalyse berücksichtig werden müssen.[253] Bei beiden Verfahren setzen sich die Modelle aus zwei linearen Gleichungssystemen zusammen dem inneren und dem äußeren. Das innere Modell stellt die Strukturebene dar und misst die Beziehungen zwischen den latenten Variablen. Das äußere betrachtet die Messmodellebene, also die Beziehungen der latenten Variablen mit ihren Indikatoren.[254]

Die beiden Ansätze unterscheiden sich hierbei insofern, dass der varianzbasierte Ansatz auf der Messmodellebene zwischen *reflektiven* und *formativen latenten Variablen* unterscheidet. Reflektiv" bedeutet, dass die latente Variable ihre Indikatoren reflektiert, dass sie von jedem einzelnen Indikator beschrieben wird. Somit verursacht das Konstrukt seine Indikatoren, weshalb hier von nach außen gerichteten Beziehungen gesprochen werden kann. Es ist auch möglich, einzelne Indikatoren zu eliminieren, da alle die Änderungen des Werts der latenten Variablen wiederspiegeln.[255] Dagegen werden formative latente Variablen von ihren Indikatoren geformt. Sie setzen sich aus ihnen zusammen und sind nur mit ihrer Gesamtheit zu

[250] Vgl. Homburg/ Hildebrandt (1998), S. 19.
[251] Vgl. Huber/ Regier/ Kissel (2009), S. 84 f.
[252] Vgl. Huber et al. (2005), S. 8.
[253] Vgl. Huber/ Regier/ Kissel (2009), S. 85.
[254] Vgl. Huber/ Regier/ Kissel (2009), S. 85 f; vgl. Huber et all. (2005), S. 8.
[255] Vgl. Huber/ Regier/ Kissel (2009), S. 88 ff; vgl. Diamantopoulos/ Winkelhofer (2001), S. 270 f; vgl. Eggert/ Fassot (2003), S. 4.

beschreiben. Die einzelnen Indikatoren definieren die verschiedenen Eigenschaften der latenten Variable. Deshalb sind bei formativen Variablen Eliminierungen einzelner Indikatoren zu vermeiden.[256]

Reflektive und formative Variablen unterscheiden sich demnach anhand der Richtung ihrer Kausalität. Während bei reflektiven die latente Variable die Indikatoren verursacht, begründen bei formativen Konstrukten die Indikatoren die latente Variable.

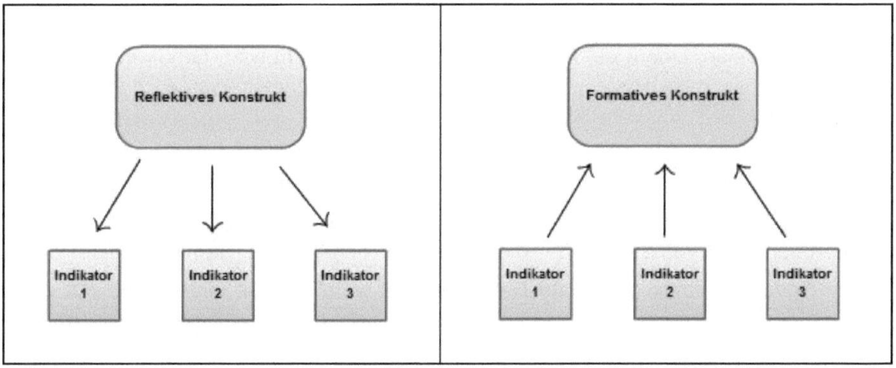

Abbildung 10: Darstellung der Beziehungen von reflektiven und formativen Konstrukten mit ihren Indikatoren.
Quellen: Eigene Darstellung.

Die kovarianzbasierten Verfahren führen konsistente Schätzungen durch, um die Modellparameter zu bestimmen. Dazu wird die empirische Kovarianzmatrix der Indikatoren bestmöglich reproduziert.[257] Das geschieht mithilfe von Algorithmen wie Maximum Likelihood, Weighted Least Squares, Unweighted Least Squares oder Generalized Least Squares.[258]

Varianzbasierte Verfahren, wie etwa der Partial-Least-Squares (PLS)-Methode[259], gehen anders vor. Hier werden die Werte für die latenten Variablen auf Grundlage

256 Vgl. Diamantopoulos/ Winkelhofer (2001), S. 270 f; vgl. Eggert/ Fassot (2003), S. 5 f.
257 Vgl. Huber/ Regier/ Kissel (2009), S. 87.
258 Vgl. Ringle (2004), S. 14 f.
259 Vgl. Wold (1980).

der Rohdaten und anhand eines sich iterativ wiederholenden Algorithmus geschätzt. Anschließend werden mithilfe der Kleinst-Quadrate-Regression die Faktorladungen[260] und Pfadkoeffizienten[261] bestimmt. Als letzter Schritt wird eine Schätzung der Mittelwerte und des konstanten Glieds für die linearen Regressionsfunktionen durchgeführt.[262]

Diese unterschiedlichen Vorgehensweisen führen dazu, dass man aufgrund der partiellen Schätzung einzelner Elemente mit dem PLS-Verfahren geringere Stichprobengrößen für ein verlässliches Ergebnis benötigt als für kovarianzbasierte Verfahren.[263] Im PLS-Verfahren lassen sich außerdem bessere Schätzungen der latenten Variablen erzielen, indem die Anzahl der Indikatoren erhöht wird. Größere Stichproben führen hingegen nur bei kovarianzbasierten Verfahren zu besseren Schätzungen.[264]

Insgesamt liefern die kovarianzbasierten Verfahren – sofern eine ausreichende Stichprobengröße vorhanden ist – die genaueren Schätzwerte, da hierbei sämtliche in der Kovarianzmatrix gegebene Daten genutzt werden. Zielt eine Studie auf die Genauigkeit der Parameter ab, ist dieser Ansatz vorzuziehen. Das gilt v.a. bei Überprüfung und Entwicklung von Theorien.[265] Bei praxisorientierten Untersuchungen ist meist ein varianzbasiertes Verfahren besser geeignet, da hierbei die bestmögliche Nachbildung der Datenmatrix im Vordergrund steht.[266] Das verschafft ihm eine hohe Vorhersageeigenschaft und sorgt dafür, dass Zielvariablen besser erklärt werden können, als im kovarianzbasierten Verfahren.[267]

[260] Die Faktorladung gibt an, ob und in welchem Umfang die Varianzen eines Indikators auf die Varianzen der zugehörigen latenten Variable zurückzuführen ist. Sie stellt ein wichtiges Messkriterium zur Beurteilung von reflektiven Konstrukten dar. Vgl. Huber et al. (2005), S. 31.

[261] Ein Pfadkoeffizient oder auch Strukturparameter beschreibt, wie stark eine latente Variable die kausal nachfolgende beeinflusst. Pfadkoeffizienten werden verwendet um die Aussagekraft einer Hypothese zu überprüfen. Vgl. Lohmöller (1989), S. 60 f.

[262] Vgl. Chin/ Newsted (1999), S. 319 ff; vgl. Lohmöller (1989), S.30 f.

[263] Vgl. Chin/ Newsted (1999), S. 314.

[264] Vgl. Huber/ Regier/ Kissel (2009), S. 88; vgl. Chin/Newsted (1999), S. 329.

[265] Vgl. Huber/ Regier/ Kissel (2009), S. 92f; vgl. Huber et al. (2005), S. 12.

[266] Vgl. Huber et al. (2005), S. 12.

[267] Vgl. Huber/ Regier/ Kissel (2009), S. 92.

Merkmal	Varianzbasiert	Kovarianzbasiert
Zielsetzung	Vorhersageorientiert	parameterorientiert
Verteilungsannahme	Keine	normalverteilt
Modellierung des Messmodells	reflektiv und formativ	typischerweise nur reflektiv
Stichprobengröße	gute Kleinstichproben-Eigenschaften (ab n > 30)	große Stichproben notwendig (ab n > 200)
Anwendungsbereich	eher praxisorientiert	eher theorieorientiert

Tabelle 4: Die Merkmale für die varianz- und kovarianzbasierten Verfahren
Quelle: In Anlehnung an Chin/ Newsted (1999), S. 314.

Diese Studie versucht die Zielvariable Markenauthentizität und die daraus resultierenden Zielkonstrukte vorherzusagen und zu erklären. Die Ergebnisse der Studien sollen in erster Linie der managementorientierten Entscheidungshilfe dienen, also praxisorientiert sein. Hinzu kommt, dass auch die Möglichkeit für formative Konstrukte bestehen soll, deshalb ist die PLS-Methode die geeignete Forschungsmethode für diese Studie.

4.1.2 Die Gütekriterien des PLS-Verfahren

Für die PLS-Methode gibt es einen ausführlichen Kriterienkatalog von Chin, der in dieser Studie angewendet werden soll. Dieser unterscheidet zwischen Gütekriterien des Mess- und des Strukturmodells.[268]

Auf der Messmodellebene werden Konstrukte in reflektiv und formativ differenziert, was zu Unterschieden in ihrer Betrachtung und in den zu verwendenden Kriterien führt. Ein wichtiges Wertbündel für die Beurteilung eines reflektiven Konstrukts sind die *Faktorladungen* der einzelnen Indikatoren. Diese sollten jeweils einen Wert von mindestens 0,7 erreichen, was bedeutet, dass mehr als 50% der Varianz des Indi-

[268] Vgl. Huber/ Regier/ Kissel (2009), S. 92.

kators auf die Varianz der latenten Variable zurückgeführt werden kann.[269] Auch von hoher Bedeutung ist die *Signifikanz* der Indikatoren. Bei PLS wird sie mithilfe der Prozeduren „Bootstrapping" und „Jackknifing" in Form von t-Werten ermittelt. Die t-Werte sollten bei einem Signifikanz-Niveau von 5% über 1,66 liegen, bei einem 10%igen Signifikanz-Niveau bei 1,29.[270] Für diese Untersuchung wird die Bootstrapping"-Methode gewählt, da sie einen geringeren Standardfehler verursacht.[271]

Neben seinen Indikatoren sind auch bei dem reflektiven Konstrukt selbst Werte zu ermitteln. Die *Konvergenzvalidität* ist zu ermitteln, wofür die *Konstruktreliabilität* und die *durchschnittlich erfasster Varianz (DEV)* geprüft werden müssen. Die Konstruktreliabilität gibt die Eignung eines Konstrukts zur Erklärung der mit ihm in Verbindung stehenden reflektiven Indikatoren an. Ihr Wert sollte über 0,7 liegen. Bei der DEV wird angegeben, wie hoch der durch einen Faktor erklärte Varianzanteil messbarer Variablen in Relation zum nicht erklärten Varianzanteil ist. Die DEV sollte über 0,6 liegen. Sind diese beiden Kriterien erfüllt, liegt Konvergenzvalidität vor.[272]

Aus der DEV leitet sich ein weiteres Kriterium ab, die *Diskriminanzvalidität*. Sie wird erfüllt, wenn die gemeinsame Varianz zwischen der latenten Variable und ihren Indikatoren größer ist als die gemeinsame Varianz mit anderen latenten Variablen. Das bedeutet, dass für das reflektive Konstrukt die DEV der latenten Variable größer sein muss, als jede quadrierte Korrelation mit einem anderen Faktor (Fornell-Larcker-Kriterium).[273]

Wie gut eine Rekonstruktion einer latenten Variable anhand ihrer Indikatoren möglich ist, gibt die *Vorhersagevalidität* an. Sie wird für reflektive Konstrukte mithilfe des Stone-Geissers Q^2 geprüft. Dazu wird die Höhe der Residuen der Modellschätzung für die Indikatorvariablen mit der Höhe der Residuen einer trivialen Vorhersage auf

[269] Vgl. Huber et al. (2005), S. 31.
[270] Vgl. Huber/ Regier/ Kissel (2009), S. 94; vgl. Lohmöller (1989), S. 60f.
[271] Vgl. Fornell/ Cha (1994), S. 68 ff.
[272] Vgl. Homburg/ Baumgartner (1998), S. 36; vgl. Huber/ Regier/ Kissel (2009), S. 94; vgl. Fornell/ Cha (1994), S. 69.
[273] Vgl. Huber/ Regier/ Kissel (2009), S. 95.

Basis der Höhe der Mittelwerte der Indikatoren verglichen. Der Wert sollte 0 übersteigen.[274]

Als letztes ist bei reflektiven Konstrukten die *Unidimensionalität* der Konstruktmessung zu prüfen. Diese gibt an, ob eine klare Zuordnung von Indikatoren zu einem reflektiven Konstrukt besteht, d.h. dass die Indikatoren auch tatsächlich auf ihr zugehöriges Konstrukt laden müssen und zwar nur auf dieses. Die Indikatoren sollten dabei nur miteinander eine hohe Korrelation aufweisen. Hohe Residuen, die eine hohe Korrelation zu Indikatoren anderer Konstrukte bedeuten, sprechen nicht für eine Unidimensionalität der Messung. Um sie zu prüfen, wird eine Faktoranalyse unter Berücksichtigung aller reflektiver Konstrukte des Modells durchgeführt. Dabei werden Komponenten aufgestellt, auf die die Indikatoren dann mit ihren Varianzen laden können. Wichtig ist dabei, dass alle Indikatoren derselben latenten Variable bei der Faktoranalyse auf dieselbe Komponente laden. Tun sie das nicht, würde das bedeuten, dass die Indikatoren andere Konstrukte besser erklären als das eigene, was nicht erwünscht ist.[275]

Bei *formativen Konstrukten* sind teilweise andere Messwerte zu betrachten. Konvergenz- und Vorhersagevalidität sowie Unidimensionalität sind hier nicht messbar. Ein weiterer Unterschied gegenüber den reflektiven Konstrukten ist die Betrachtung der Indikatoren. Ihre Faktorladungen haben hier keine Relevanz, stattdessen sind die *Gewichte* von Bedeutung, die angeben, welchen Anteil ein Indikator gegenüber den anderen an der Zusammensetzung zum Konstrukt hat. Die Gewichte jedes einzelnen Indikators sollten mindestens einen Wert von 0,1 erreichen.[276] Auch die *t-Werte* werden anders betrachtet, im formativen Modell liegt die kritische Grenze bei einem Signifikanz-Niveau von 5% bei 1,98, bei einem Niveau von 10% bei 1,66. Grund dafür ist, dass die Signifikanztests hier zweiseitig durchgeführt werden.[277]

Die *Diskriminanzvalidität* wird bei formativen Konstrukten mithilfe der Korrelationsmatrix festgestellt, bei der die Korrelationen der Varianzen der einzelnen Konstrukte

[274] Vgl. Huber/ Regier/ Kissel (2009), S.95; vgl. Fornell/ Cha (1994), S. 72 f.
[275] Vgl. Huber/ Regier/ Kissel (2009), S. 96.
[276] Vgl. Lohmöller (1989), S. 60 f.
[277] Vgl. Huber/ Regier/ Kissel (2009), S. 94.

berechnet werden. Die Korrelationen zu anderen Konstrukten des Modells sollten jeweils kleiner als 0,9 sein, damit von einer hinreichenden Diskriminanz gesprochen werden kann. Andernfalls ist zu prüfen, ob das korrelierende Konstrukt nicht ein Indikator für die geprüfte, latente Variable ist.[278]

Neu bei formativen Konstrukten ist das Kriterium der *Multikollinearität*. Hierbei wird geprüft, ob die Indikatoren des formativen Konstrukts durch die verbleibenden Indikatoren erklärt werden. Da bei formativen Variablen die Indikatoren unabhängig voneinander sein müssen, darf keine Multikollinearität vorliegen. Um das zu überprüfen werden mehrere lineare Regressionen berechnet, die jeweils einen der unabhängigen Indikatoren durch die anderen Indikatoren zu erklären versucht. Dadurch wird das Bestimmtheitsmaß der Regression bestimmt, also der Anteil der durch die anderen Variablen erklärten Varianz an der Gesamtvarianz der betrachteten Variable. Dieser Indikator muss aus dem Modell entfernt werden, wenn der Varianzinflationsfaktor (VIF) den Wert 10 überschreitet, da dann unerwünschte Multikollinearität vorliegt.[279]

Tabelle 5 gibt eine Übersicht über die relevanten Kriterien auf der Ebene des Messmodells, unterteilt in reflektive und formative Konstrukte.

Die Validierung der Hypothesen geschieht auf der *Strukturmodellebene*. Das erste Gütekriterium hierbei sind die *Strukturparameter*, auch Pfadkoeffizienten, die angeben, wie stark ein Konstrukt das kausal nachfolgende beeinflusst. Strukturparameter sollten erst ab einer Höhe von 0,1 berücksichtigt werden[280] und auch nur dann, wenn die kausale Verbindung die nötige *Signifikanz* in Form von *t-Werten* besitzt. Diese sollten für ein 5%iges Signifikanz-Niveau einen Wert von 1,98 übersteigen, für ein 10%iges 1,66.[281]

[278] Vgl. Huber/ Regier/ Kissel (2009), S. 95.
[279] Vgl. Huber/ Regier/ Kissel (2009), S. 95 f.
[280] Vgl. Lohmöller (1989), S. 60 f.
[281] Vgl. Huber et al. (2005), S. 40.

Kriterium	Reflektives Messmodell	Formatives Messmodell
Faktorladung	> 0,7	nicht relevant
Gewichte	nicht relevant	> 0,1
t-Wert	> 1,66	> 1,98
Konvergenzkriterien:		
Konstruktreliabilität	> 0,7	nicht möglich
DEV	> 0,6	nicht möglich
Diskriminanzvalidität	Fornell-Larcker-Kriterium	Konstruktkorrelationen < 0,9
Vorhersagevalidität	Stone-Geissers Q^2 > 0	nicht möglich
Multikollinearität	nicht möglich	VIF < 10
Unidimensionalität	Höhe und Korrelation der Residuen	nicht möglich

Tabelle 5: Prüfkriterien des Messmodells, unterteilt in reflektiv und formativ
Quelle: In Anlehnung an Huber et a. (2005), S. 40.

Der Anteil der Zielvariable, der durch die kausal ursächlichen Konstrukte erklärt wird, nennt man das Bestimmtheitsmaß R^2. Er sollte im Normalfall einen Wert von 0,3 übersteigen,[282] allerdings wird es in dieser Studie hierbei eine Ausnahme geben. Es wird davon ausgegangen, dass R^2 für das Konstrukt „Wahrgenommene Markenauthentizität" unter 0,3 liegen wird, da es durch die Kontinuität, Konsistenz und Individualität in Bezug auf den Facebookauftritt erklärt wird. Es wird nicht davon ausgegangen, dass diese Ausprägungen des Facebookauftritts der Marke die gesamte Markenauthentizität oder einen Anteil von höher 0,3 erklären wird, andernfalls wäre der Einfluss des Facebookauftritts auf die Markenauthentizität weit höher, als die Wissenschaft ihn bisher einschätzt. Die Authentizität der Marke wird durch ihr gesamtes Auftreten in allen Medien gebildet und da hier nur Social Media betrachtet wird, kann ein R^2 von unter 0,3 für das Konstrukt „Wahrgenommene Markenauthentizität" in dieser Studie akzeptiert werden.

Auf der Strukturmodellebene ist ebenfalls eine Messung der *Multikollinearität* möglich, da der VIF hier wie bei formativen Konstrukten in der Messmodellebene berechnet werden kann. Hier wird allerdings nicht die Multikollinearität einzelner Indikatoren

[282] Vgl. Huber/ Regier/ Kissel (2009), S. 97.

berechnet, sondern die Konstrukte selbst miteinander verglichen. Betrachtet werden dabei Konstrukte, die exogen auf ein gemeinsames Konstrukt verweisen. Als Beispiel kann im Untersuchungsmodell der Facebook-Marken-Fit und die Kontinuität des Facebookauftritts dienen, die gemeinsam kausal auf die Konsistenz zwischen Facebookauftritt und Markenimage verweisen. Auch hier sollte der VIF unter 10 liegen, damit keine Multikollinearität vorliegt und die Varianz der einzelnen, unabhängigen Konstrukte sich nicht mit den Varianzen der anderen erklären lässt. Andernfalls müsste man seine kausalen Verbindungen überdenken.[283]

Auch die Vorhersagevalidität von endogenen, reflektiven Konstrukten kann geprüft werden. Hierbei wird das Stone-Geissers Q^2-Kriterium verwendet, wie es schon in der Messmodellebene geschehen ist. Allerdings steht auf dieser Ebene die Redundanz der Vorhersagevalidität und nicht die Kommunalität im Vordergrund. Auch hier sollte Q^2 über 0 liegen.[284] Eine Übersicht über die Messkriterien des Strukturmodells gibt die folgende Tabelle:

Kriterien Strukturmodell	
Strukturparameter	> 0,1
t-Wert	> 1,98
Bestimmtheitsmaß R^2	> 0,3
Multikollinearität	VIF < 10
Vorhersagevalidität	Stone-Geissers Q^2 > 0

Tabelle 6: Kriterien des Strukturmodells im PLS-Verfahren
Quelle: In Anlehnung an Huber et al. (2005), S. 40.

All diese Kriterien aus Mess- und Strukturmodellebene erlauben eine umfassende Einschätzung der Qualität des Untersuchungsmodells. Die ausgewerteten Kennzahlen werden in Kapitel 4.4 und 4.5 vorgestellt werden.

283 Vgl. Huber/ Regier/ Kissel (2009), S. 97.
284 Vgl. Huber/ Regier/ Kissel (2009), S. 97.

4.2 Zur Wahl des Untersuchungsobjekts

Eine Marke, die für diese Studie herangezogen werden soll, muss einige Voraussetzungen erfüllen, um als Untersuchungsobjekt in Betracht gezogen zu werden.

Da die Studie sich auf das Social Network Facebook konzentriert, muss die zu untersuchende Marke logischerweise dort vertreten sein. Der Markenauftritt alleine kann aber noch nicht reichen, die Marke muss auch die Potenziale von Facebook nutzen, d.h. dass eine einfache Informationsseite nicht genügen würde. Stattdessen soll der Facebookauftritt viel bieten, er soll multimediale Möglichkeiten nutzen, den Kontakt zu Benutzern suchen und sie dazu animieren, sich mit der Marke auszutauschen. In anderen Worten: Es kommen nur Marken in Frage, deren Facebookauftritt durchdacht und erfolgreich geführt wird.

Wünschenswert wäre auch, dass der betrachtete Facebookauftritt Authentizität vermittelt. Da es das Ziel ist, den Einfluss eines Facebookauftritts auf die Markenauthentizität zu ermitteln, sollte das Untersuchungsobjekt nicht unauthentisch wirken. Deshalb werden nur jene Markenauftritte in Betracht gezogen, die der Forschende subjektiv als authentisch einstuft. Dazu kann er sich der Determinanten Kontinuität, Konsistenz und Individualität bedienen, denn auch sie sollten beim Untersuchungsobjekt sichtbar sein, um ihren Einfluss zu messen.

Darüber hinaus sollte die Marke eine gewisse Bekanntheit besitzen. Sie sollte nicht nur auf Facebook sondern auch in anderen Medienformen vertreten sein, denn zur Prüfung der Authentizität muss die Marke dem Probanden selbstverständlich geläufig sein. Die Marke sollte außerdem keine eingeschränkten Zielgruppen ansprechen sondern möglichst breite Massen. Alltägliche Konsumgüter haben eine wesentlich höhere Bekanntheit als für spezielle Aufgaben designte Softwareprodukte, deshalb werden sich bei ersteren wesentlich mehr und wesentlich einfacher Probanden mit einer Meinung über die Marke und ihre Werbetätigkeiten finden lassen.

Für diese Studie wird die Marke Nutella und ihr Facebookauftritt „Nutella Deutschland“ als Untersuchungsobjekt genutzt. Nutella ist die Marke eines süßen, nougatartigen Haselnussbrotaufstrichs des italienischen Unternehmens Ferrero. Nutella wurde von Pietro Ferrero, dem Firmengründer von Ferrero, in den 1940er Jahren entwickelt, damals wurde das Produkt noch „pasta gianduja“ genannt. 1964 erhielt es den Markennamen Nutella[285] und ein Jahr später war es auch in Deutschland erhältlich. Mittlerweile wird Nutella in über 75 Ländern verkauft, darunter u.a. die USA, China, Südafrika und die meisten Länder Europas.[286]

Nutella betreibt auf Facebook mehrere Markenauftritte, die sich an verschiedene Länder richten. „Nutella Deutschland“ ist derjenige, der den deutschsprachigen Probanden am wahrscheinlichsten bekannt ist, deshalb wird dieser ausgewählt. Der Facebookauftritt von Nutella erfüllt die oben genannten Voraussetzungen. Nutella besitzt die nötige Bekanntheit, weshalb davon ausgegangen wird, dass jeder der Probanden schon einmal von der Marke gehört haben wird.

Außerdem wird der Facebookauftritt von Nutella effektiv genutzt. Z.B. gibt es ein Video-Portal, in dem Benutzer sich die Werbespotts mit Spielern der deutschen Fußballnationalmannschaft und Zusatzfilme, die „hinter den Kulissen“ spielen, ansehen kann. Auch gibt es Möglichkeiten zur Interaktion, wie das „Frühstückstisch“-Gewinnspiel, bei dem ein User ein vorgegebenes Hintergrundbild mit Fotos von sich und Freunden füllt und diese Freunde damit auf den Facebookauftritt von Nutella einlädt. Jede Woche können die Teilnehmer des „Frühstückstischs“ Preise gewinnen. Es fällt außerdem auf, dass auf der Pinnwand von Nutella Deutschland häufig gepostet wird. Täglich schreiben dort User von ihrer meist positiven Meinung von Nutella, veröffentlichen Fotos und geben Tipps und Rezepte zum Verzehr von Nutella. 210.811 User haben aktuell (Stand: 17.07.2011) Nutella auf ihrer „Gefällt mir“-Liste stehen.[287]

285 Nutella hat seinen Ursprung im Wort „Nut“ (Nuss), dem mit „ella“ eine weiche Endung angehängt wurde.

286 Vgl. http://www.ferrero.de/historie/

287 Vgl. http://www.facebook.com/nutelladeutschland?sk=wall

Abbildung 11: **Der Frühstückstisch auf dem Facebookauftritt „Nutella Deutschland"**
Quellen: **http://www.facebook.com/nutelladeutschland?sk=app_123839724361582**

Der Facebookauftritt nimmt Bezug auf andere Werbebotschaften, die in anderen Medien ausgestrahlt werden. So wird bspw. auf das Werbeengagement mit der deutschen Nationalmannschaft eingegangen, weshalb Nutella gelegentlich Beiträge auf der Pinnwand des Facebookauftritts der Nationalmannschaft hinterlässt und umgekehrt. Auch Slogans, Logos und verwendete Farben sind die, die man von Nutella kennt. Einzige Ausnahme stellt hier das Blau von Facebook dar, aber daran kann Nutella nichts ändern. Der Facebookauftritt „Nutella Deutschland" zählt zu den 10 beliebtesten deutschen Markenauftritten. Im Februar 2011 belegte Nutella in einem entsprechenden Ranking den 7. Platz.[288]

Da all diese Kriterien erfüllt sind und der Facebookauftritt als authentisch eingeschätzt wird, wird „Nutella Deutschland" als Untersuchungsobjekt ausgewählt.

[288] Vgl. Hermes (2011), S. 38.

Abbildung 12: Das Video-Portal auf dem Facebookauftritt „Nutella Deutschland“
Quellen: http://www.facebook.com/nutelladeutschland?sk=app_2392950137

4.3 Zur Datenerhebung

Nachdem eine geeignete Forschungsmethode und ein Untersuchungsobjekt gewählt wurden, muss noch bestimmt werden, wie die notwendigen Daten gesammelt werden. Es wird hier eine Primärforschung durchgeführt, d.h. die Daten werden speziell für diese Studie erhoben, aufbereitet und ausgewertet. Die Datengewinnung kann dabei entweder durch Beobachtung oder Befragung durchgeführt werden,[289] hier wird die Befragung gewählt, da die innere Einstellung zu bestimmten Sachverhalten abgefragt werden soll. Bei Befragungen unterscheidet man zwischen schriftlichen, mündlichen, telefonischen und Online-Befragungen.[290] Diese Studie befasst sich u.a. auch mit einem Social Network aus dem Internet, deshalb passt eine Online-Umfrage als Erhebungsinstrument thematisch gut zu ihr.

[289] Vgl. Hüttner (1997), S. 22 f.
[290] Vgl. Berekoven/ Eckert/ Ellenrieder, P. (2006), S. 151 ff.

Bei einer Online-Umfrage ist der Fragebogen per Programmcode auf hintereinander geschalteten Internetseiten angeordnet, durch die sich die Probanden in Etappen durcharbeiten. So können thematisch verwandte Fragen zusammen auf einer Seite angezeigt werden. Die Beantwortung kann zu jeder Tageszeit eingegeben werden, der Proband sucht sich somit selbst den Zeitpunkt aus, zu dem er den Bogen beantwortet. Da die Teilnahme außerdem anonym und ohne Auslobung einer Gewinnmöglichkeit stattfindet, kann davon ausgegangen werden, dass die Probanden zwangfrei an der Umfrage teilnehmen. Auch ist der Teilnehmer keinem Einfluss des Interviewers ausgesetzt, der die Ergebnisse verzerren könnte.[291] Die eingegeben Daten werden dabei direkt nach der Befragung in einer Datenbank gespeichert und können von dort ausgewertet werden. Die Datenerfassung erfolgt automatisiert und ist sehr fehlerresistent, zumal die Antworten des Probanden direkt nach der Eingabe validiert werden können.[292]

Die Erstellung des Fragebogens gestaltet sich als relativ einfach. Der Forschende kann außerdem eine Ablauflogik einbauen, d.h. dass die Probanden gezielt durch die Umfrage geführt werden können. Sollen z.B. Folgefragen nur dann angezeigt werden, wenn die Frage davor mit „Ja“ beantwortet wurde, kann diese Logik eingegeben werden, so dass der Proband automatisch auf die entsprechende Seite weitergeleitet wird. Auch sollte man erwähnen, dass, anders als bei persönlichen oder telefonischen Interviews, durch die Online-Befragung der Teilnehmer kein Aufwand für den Forschenden entsteht. Nachdem sie erstellt wurde, kann jeder Teilnehmer sie selbstständig durchführen ohne dass der Forschende dabei helfen muss. Es sollte aber eine E-Mail Adresse angegeben werden, an die der Proband gegebenenfalls Fragen schicken kann. Wegen all dieser Vorteile wird die Online-Umfrage in dieser Studie als Erhebungsinstrument eingesetzt.

Der Fragebogen startet mit eher einfach gestrickten Fragen und nimmt im Laufe der Zeit an Komplexität zu. Zunächst werden die Zielkonstrukte „Markenauthentizität“, „Markenvertrauen“ und „Markenloyalität“ abgefragt. Danach werden Fragen zu Facebook und dem Markenauftritt von Nutella gestellt. So wird das Nutzungsverhal-

[291] Vgl. Töpfer (2008), S. 399.
[292] Vgl. Huber/ Regier/ Kissel (2009), S. 79 f.

ten der Probanden auf Facebook, der Facebook-Marken-Fit und die Kontinuität, Konsistenz und Individualität des Facebookauftritts von Nutella abgefragt. Da nicht davon ausgegangen werden kann, dass jeder Proband den Facebookauftritt von Nutella kennt, ist der Fragebogen mit Beispielbildern angereichert, damit sich jeder Proband eine Meinung dazu bilden kann. Der Fragebogen schließt mit der Erfassung der soziodemographischen Daten.

An der Befragung nahmen im Erhebungszeitraum 138 Probanden teil. Von diesen waren 58% männlich. Da die Studie von einem Thema handelt, bei dem das Internet eine relevante Rolle spielt, ist eine Mehrheit von männlichen Probanden nicht verwunderlich. Die weiteren soziodemographischen Daten erlauben eine Charakterisierung des durchschnittlichen Probanden. Es fällt auf, dass die meisten Befragten der Altersklasse von 20 bis 29 Jahren angehören. 62% gaben an, in diesem Alter zu sein. Die umliegenden Altersklassen, „jünger als zwanzig Jahre“ und „zwischen 30 bis 39 Jahre alt“, erreichten jeweils 14,6%, alle Altersklassen über 39 Jahre wurden jeweils von weniger als 5% der Probanden angegeben. Da die Mehrheit der Facebookbenutzer den jüngeren Altersklassen angehört, verwundern diese Zahlen nicht. Auch die angegeben Berufe stützen das, hier wurde am häufigsten Student ausgewählt. 45,3% taten das, dahinter folgen mit 20,4% die Angestellten und mit 9,5% die Schüler. Um diese Umfrage abschließen zu können, muss ein gewisses Vorwissen zu Facebook vorausgesetzt werden und dieses Vorwissen ist v.a. bei internetaffinen und jüngeren Menschen zu finden. Die sozidemographischen Daten zeigen, dass die Befragten dieser Studie größtenteils aus dieser Zielgruppe kommen.

Dennoch sind nicht alle Befragten Benutzer von Facebook. 77,3% gaben an, bei diesem Social Network registriert zu sein. Die verbleibenden 22,7% sind aber nicht aus der Auswertung auszuschließen, denn auch sie können sich eine Meinung zu dem Facebookauftritt der Marke machen und Auskunft über die wahrgenommene Markenauthentizität geben. Deshalb wurde diese Frage nicht als Grund zur Eliminierung der Probandendaten aufgefasst, sie durften den Fragebogen weiter ausfüllen und haben lediglich keine Angaben zu ihrem Nutzungsverhalten von Facebook machen müssen.

Von den 77,3% der Probanden, die auf Facebook registriert sind, gaben 19,8% an, dass sie Facebook durchschnittlich weniger als 10 Minuten am Tag nutzen, 29,2% nutzen Facebook demnach zehn bis 30 Minuten, 16% 31 bis 60 Minuten, 22,6% eine bis zwei Stunden, 3,7% zwei bis drei Stunden und 6,6% mehr als drei Stunden am Tag. Der Rest der Befragten machte keine Angabe. Vom Nutzungsverhalten auf Facebook besteht damit eine breite Streuung der Probanden. Die wird auch durch die Einstellung zu Facebook gezeigt. 73,6% der Probanden, die zuvor angegeben hatten, bei Facebook registriert zu sein, stimmten der Aussage zu, dass Facebook ein fester Bestandteil ihres täglichen Lebens sei, und 21,7% davon bestätigten, dass sie sich von der Realität abgeschnitten fühlten, wenn sie länger nicht auf Facebook eingeloggt waren. Zwischen diesen beiden Aussagen liegt ein erheblicher Unterschied in der Einstellung zu Facebook. Es sind somit Probanden vertreten, die Facebook eine so gewichtige Rolle in ihrem privaten Leben und in der Kommunikation mit Freunden und Bekannten zuschreiben, dass sie sich ihr soziales Leben ohne Facebook nicht vorstellen können, und es gibt Probanden, die Facebook vielmehr als eine tägliche Aktivität betrachten, bis hin zu Befragten, die das Social Network nicht einmal täglich nutzen. Diese Benutzergruppen kombiniert mit den Probanden, die nicht auf Facebook registriert sind, können ein umfassendes Bild über die Auswirkungen eines Facebookauftritts auf die Markenauthentizität geben.

4.4 Operationalisierung der Konstrukte

Die Konstrukte des Untersuchungsmodells sollen nun operationalisiert werden. Dazu werden sie mit Indikatoren ausgestattet. Diese werden als Fragen formuliert, damit sie als Items in der Konsumentenbefragung genutzt werden können. Alle Items werden dabei so gestaltet, dass sie sich direkt auf das Untersuchungsobjekt beziehen, der Markenname Nutella wird deshalb häufig auftauchen.

Die Bewertung der Items durch die Probanden wurde einfach gestaltet, d.h. dass die Skalen für alle Items aller Konstrukte standardisiert wurden. Für alle der in den folgenden Kapiteln vorgestellten Items wurde deshalb dieselbe 7-stufige Likertskala verwendet, die als Pole „Stimme voll und ganz zu“ und „Stimme überhaupt nicht zu“ hat. Der Skalenwert 1 steht hierbei immer für „Stimme voll und ganz zu“, der Wert 7 für „Stimme überhaupt nicht zu“, der mittlere Wert 4 wurde mit „Weder noch“ belegt, um dem Probanden auch die Möglichkeit zu geben, eine neutrale Meinung zu äußern. Die Werte dazwischen sind als Abstufungen zu betrachten, der Skalenwert 3 signalisiert somit zwar Zustimmung, ist allerdings näher an „Weder noch“ als an „Stimme voll und ganz zu“, was die Zustimmung abschwächt.

4.4.1 Operationalisierung der Markenauthentizität

Die wahrgenommene Markenauthentizität wird anhand ihrer Indikatoren beschrieben. Diese reflektieren, welche Eigenschaften eine authentische Marke auszeichnet, weshalb die Markenauthentizität als reflektives Konstrukt einzuordnen ist.[293]

Als Items für die wahrgenommene Markenauthentizität werden die von Burmann und Schallehn entwickelten Items verwendet, die sie anhand von Tiefeninterviews validiert haben. Diese orientieren sich an der in Kapitel 2.2.1 verwendeten Definition: *„Marken-Authentizität bezeichnet die empfundene Wahrhaftigkeit des proklamierten Markennutzens (Markenpositionierung)“.*[294]

Alle vier Items fragen deshalb nach, ob der Proband eine Übereinstimmung zwischen Markennutzenversprechen und dem selbst gebildeten Markenimage sieht. Item 1 fragt, ob die Marke weiß, wofür sie steht und nur das verspricht, was Ihrer Identität entspricht. Item 2 geht etwas abstrakter vor und fragt, ob die Marke eine eigene Philosophie besitzt und ob der Markenauftritt danach ausgerichtet wird. In Item 3 wird überprüft, ob der Proband der Meinung ist, dass sich die Marke verstellt. Das letzte Item ist ähnlich dem ersten, hier wird aber bewusst ein anderer Terminus verwendet.

[293] Vgl. Burmann/ Schallehn (2010), S. 63; vgl. Exler (2008), S.138.
[294] Burmann/ Schallehn (2008), S. 22.

Deshalb wird hier gefragt, ob sich das Markennutzenversprechen an der Identität der Marke ausrichtet und ob sich die Marke ihrer Identität bewusst ist.[295]

Die Auswertung ergab, dass alle Items die notwendige Signifikanz erfüllen und das deutlich über den mindestens geforderten 1,66, die im reflektiven Messmodell für ein 5%iges Signifikanz-Niveau gefordert sind. Auch die Faktorladungen sind bei allen Items über 0,7, weshalb die Elimination eines Indikators nicht notwendig ist.

Item	Faktorladung	t-Wert	Quelle
Item 1: Die Marke Nutella weiß genau, wofür sie steht und verspricht nur das, was Ihrer Identität entspricht.	0,89	48,05	Vgl. Burmann/ Schallehn (2010), S. 60 f.
Item 2: Nutella hat eine eigene Philosophie, nach der der Markenauftritt ausgerichtet wird.	0,799	19,62	Vgl. Burmann/ Schallehn (2010), S. 60 f.
Item 3: Die Marke verstellt sich nicht, sondern ist ganz sie selbst.	0,863	32,15	Vgl. Burmann/ Schallehn (2010), S. 60 f.
Item 4: Die Marke Nutella ist sich ihrer Identität bewusst und richtet ihr Markennutzenversprechen konsequent danach aus.	0,882	32,62	Vgl. Burmann/ Schallehn (2010), S. 60 f.

Tabelle 7: Die Items des Konstrukts Markenauthentizität und ihre gemessenen Werte
Quelle: Eigene Darstellung.

Für die Güte dieses Messansatzes spricht auch, dass die durchschnittlich erfasste Varianz (DEV) mit 0,738 die mindestens geforderten 0,6 übersteigt und auch die Konstruktreliabilität ist mit 0,918 deutlich über 0,7. Die Erklärbarkeit von sowohl der latenten Variable „wahrgenommene Markenauthentizität“ durch ihre Indikatoren als auch der Varianzen ist damit gegeben, das Kriterium der Konvergenzvalidität ist damit erfüllt.

Auch die Diskriminanzvalidität wird bestätigt. Hierzu wird das Fornell-Larcker-Kriterium angewandt, dass die DEV mit den quadrierten Korrelationen mit anderen Konstrukten vergleicht. Die höchste Korrelation weist die Markenauthentizität mit dem Markenvertrauen auf, sie beträgt 0,596, was quadriert ca. 0,355 ergibt. Das ist weit

[295] Vgl. Burmann/ Schallehn (2010), S. 60 f.

unter der DEV, die hier den Wert 0,738 trägt. Somit ist das Fornell-Larcker-Kriterium erfüllt und die Diskriminanzvalidität gegeben.

Die Vorhersagevalidität wird ebenfalls erfüllt. Stone-Geissers Q^2 muss dazu über 0 sein, bei dem Konstrukt „Wahrgenommene Markenauthentizität" liegt es bei 0,546. Mithilfe der Indikatoren ist also eine Rekonstruktion der wahrgenommenen Markenauthentizität möglich.

Als letzten Wert wird bei reflektiven Konstrukten die Unidimensionalität betrachtet, was mithilfe einer Faktoranalyse durchgeführt wird. Bei dieser lag die Ladung der vier Items der Markenauthentizität zwischen 0,772 und 0,84, es sind hierbei mindestens 0,6 gefordert. Indikatoren anderer Konstrukte luden auf dieselbe Komponente mit Werten im Bereich 0,1 und 0,2 also signifikant niedriger. Auf andere Komponenten luden die Indikatoren der Markenauthentizität mit deutlich geringeren Werten. Eine Unidimensionalität liegt damit vor.

Zusammenfassend kann man sagen, dass die Gütekriterien die Aussagequalität des Konstrukts bestätigt haben.

Kriterien	Werte
Konvergenzvalidität:	
Konstruktreliabilität	0,918
Durchschnittlich erfasste Varianz (DEV)	0,738
Diskriminanzvalidität:	
Fornell-Larcker-Kriterium	Erfüllt
Vorhersagevalidität (Q^2)	0,546
Unidimensionalität:	Erfüllt

Tabelle 8: Übersicht über die gemessenen Gütekriterien beim Konstrukt Markenauthentizität
Quelle: Eigene Darstellung.

4.4.2 Operationalisierung der Kontinuität des Facebookauftritts der Marke

Die Kontinuität des Facebookauftritts einer Marke wird mit vier Items operationalisiert. Kontinuität ist eine vergangenheitsbezogene Variable,[296] d.h. dass ein Indikator für die Messung der Kontinuität die Veränderungen sind, die bei der Markenführung in der Vergangenheit durchgeführt wurden.[297] Bei einem Facebookauftritt heißt das also, das sich dessen Erscheinungsbild nur geringfügig verändert haben darf und das fragt Item 4 ab.

Kontinuität ist allerdings auch dann wahrnehmbar, wenn man die Vergangenheit des Facebookauftritts nicht kennt. Ein geordneter, beständig wirkender Auftritt kann ebenfalls Kontinuität vermitteln, deshalb sollen auch Items erstellt werden, die diese subjektive Komponente abfragen. Diese werden vor das vergangenheitsbezogene Item gestellt. Das erste davon fragt ab, ob der Facebookauftritt eine klare Linie hat, die er verfolgt. Item 2 fragt ob der Facebookauftritt Konstanz bietet, Item 3, ob er beständig wirkt. All diese Eigenschaften sind Wirkung eines kontinuierlichen Facebookauftritts, sie beschreiben ihn, formen ihn aber nicht. Deshalb hat das Konstrukt „Kontinuität des Facebookauftritts der Marke reflektiven Charakter.

Item	Faktorladung	t-Wert	Quelle
Item 1: Der Facebookauftritt von Nutella hat eine klare Linie, die er verfolgt.	0,877	39,49	Selbst definiert.
Item 2: Der Facebookauftritt von Nutella bietet Konstanz.	0,911	28,79	Selbst definiert.
Item 3: Ich finde, der Facebookauftritt von Nutella wirkt beständig.	0,932	72,78	Selbst definiert.
Item 4: Das Erscheinungsbild des Facebookauftritts von Nutella hat sich in der Vergangenheit nur geringfügig verändert.	0,723	13,35	Vgl. Piehler (2011), S. 441.

Tabelle 9: Die Items des Konstrukts Kontinuität des Facebookauftritts und ihre gemessenen Werte
Quelle: Eigene Darstellung.

[296] Vgl. Burmann/ Schallehn (2010), S. 49.
[297] Vgl. Piehler (2011), S. 441; vgl. Richter (2007), S. 141.

Eine Elimination von Items ist hier nicht notwendig, alle erfüllen die notwendige Signifikanz und Ladung. Auffällig ist hierbei allerdings, dass das vergangenheitsbezogene Item 4 sowohl bei Faktorladung als auch bei Signifikanz deutlich hinter den anderen drei Items zurückliegt. Dies kann darauf zurückgeführt werden, dass für die vergangenheitsbezogene Betrachtung Vorkenntnisse zum Facebookauftritt der Marke notwendig sind. Mit 59,85% der Befragten wählten überdurchschnittlich viele das neutrale „weder noch“, was auf mangelnde Kenntnisse über die Vergangenheit des Facebookauftritts hindeutet.

Das Konstrukt erfüllt alle weiteren Anforderungen. Die Gütekriterien Konstruktreliabilität und DEV sind mit den Werten 0,921 und 0,748 über den kritischen Mindestwerten, die Konvergenzvalidität ist damit erfüllt. Das gilt auch für die Diskriminanzvalidität, da das Fornell-Larcker-Kriterium bestätigt wird. Die quadrierten Korrelationen lagen alle unter der DEV. Die Vorhersagevalidität ist ebenfalls gegeben, Stone-Geissers Q^2 hat mit 0,5732 einen Wert über 0. Bei der Faktoranalyse zur Messung der Unidimensionalität luden alle Items der Kontinuität des Facebookauftritts auf dieselbe Komponente und das mit Werten zwischen 0,611 und 0,746, wodurch die Unidimensionalität des Konstrukts bestätigt wurde.

Kriterien	Werte
Konvergenzvalidität:	
Konstruktreliabilität	0,921
Durchschnittlich erfasste Varianz (DEV)	0,748
Diskriminanzvalidität:	
Fornell-Larcker-Kriterium	Erfüllt
Vorhersagevalidität (Q^2)	0,5732
Unidimensionalität	Erfüllt

Tabelle 10: Übersicht über die gemessenen Gütekriterien beim Konstrukt Kontinuität des Facebookauftritts der Marke

Quelle: Eigene Darstellung.

4.4.3 Operationalisierung der Konsistenz zwischen dem Facebookauftritt der Marke und dem Markenimage

Bei diesem Konstrukt werden die beiden Parameter „Facebookauftritt der Marke" und „Markenimage" miteinander verglichen. Stimmen sie überein, kann man von Konsistenz sprechen. Indikatoren für solch eine Situation, in der die Konsistenz zwischen dem Markenimage und einem weiteren Parameter gemessen werden soll, lassen sich in vielen Studien finden, bspw. in Arbeiten, die überprüfen, inwiefern ein spezifisches Produktportfolio zu einer bestimmten Marke passt.[298] Für die Konsistenz mit einem Facebookauftritt bieten sich also folgende Items an:

Item 1 fragt, ob der Facebookauftritt der Marke sehr gut zur Marke selbst passt.[299] Item 2 hingegen erfragt eine Übereinstimmung von dem Facebookauftritt und dem Markenimage.[300] Und ob der Facebookauftritt das Bild verkörpert, das der Proband von der Marke hat, ist Thema von Item 3. Diese drei Indikatoren sind repetitiv gestaltet, sie erfragen die Eigenschaften, die die Konsistenz zwischen Facebookauftritt und Marke nach sich ziehen, was das Konstrukt reflektiv macht.[301]

Item	Faktorladung	t-Wert	Quelle
Item 1: Der Facebookauftritt von Nutella passt sehr gut zu Nutella.	0,918	53,85	Vgl. Zatloukal (2002), S. 237.
Item 2: Der Facebookauftritt und das Image von Nutella stimmen überein.	0,942	74,67	Vgl. Keller/ Aaker (1992), S. 42
Item 3: Der Facebookauftritt verkörpert sehr gut das Bild, das ich von Nutella habe.	0,885	24,34	Vgl. Buchner (2008), S. 133.

Tabelle 11: Die Items des Konstrukts Konsistenz zwischen dem Facebookauftritt der Marke und dem Markenimage und ihre gemessenen Werte
Quelle: Eigene Darstellung.

T-Werte und Faktorladungen bestätigen, dass die Items das Konstrukt hinreichend signifikant erklären. Eine Eliminierung eines Indikators macht deshalb keinen Sinn,

[298] Vgl. Buchner (2008), S. 133.
[299] Vgl. Zatloukal (2002), S. 237.
[300] Vgl. Keller/ Aaker (1992), S. 42.
[301] Vgl. Buchner (2008), S. 133.

zumal die ausgesprochen hohen Faktorladungen auf eine geringe Fehlervarianz hinweisen.

Kriterien	Werte
Konvergenzvalidität:	
Konstruktreliabilität	0,939
Durchschnittlich erfasste Varianz (DEV)	0,838
Diskriminanzvalidität:	
Fornell-Larcker-Kriterium	Erfüllt
Vorhersagevalidität (Q^2)	0,6261
Unidimensionalität	Erfüllt

Tabelle 12: Übersicht über die gemessenen Gütekriterien beim Konstrukt Konsistenz zwischen dem Facebookauftritt der Marke und dem Markenimage
Quelle: Eigene Darstellung.

Das bestätigen auch die anderen Messwerte. Die Vorhersagevalidität ist mit einem Q^2 Wert von 0,626 der bis hierhin höchste und auch die Konstruktreliabilität mit 0,939 und die DEV mit 0,838 spiegeln das wieder. Damit ist die Konvergenz- und Vorhersagevalidität bestätigt. Auch die Diskriminanzvalidität wird erfüllt, da die hohe DEV nicht von den quadrierten Korrelationen erreicht werden kann. Der höchste Wert geht von der Kontinuität des Facebookauftritts aus und beträgt 0,575, was eine relativ hohe Korrelation darstellt. Die DEVs von sowohl Konsistenz zwischen Facebookauftritt und Markenimage (0,838) als auch von Kontinuität des Facebookauftritts (0,748; siehe Kapitel 4.4.2) liegen aber darüber, weshalb diese hohe Korrelation die Aussagekraft der Konstrukte nicht mindert. Auch bei der Faktoranalyse ist diese Korrelation sichtbar, die Komponente, auf die die Items der Konsistenz laden, wird auch von den Items der Kontinuität mit Werten wie z.B. 0,374 geladen. Die Items der Konsistenz erreichen aber Werte von 0,743 bis 0,842, sie sind also wesentlich höher und bestätigen somit die Unidimensionalität des Konstrukts.

4.4.4 Operationalisierung der Individualität des Facebookauftritts der Marke

Die Individualität als abgrenzungsbezogene Variable äußert sich in der Differenzierung, die eine Marke gegenüber anderen aufweist,[302] deshalb wird Individualität ähnlich wie das Konstrukt „Differenzierung" betrachtet.[303] Die Items, die zur Überprüfung der Individualität herangezogen werden, sollen hier auf die Individualität des Facebookauftritts übertragen werden. Dementsprechend fragt das erste Item, ob sich der Facebookauftritt der Marke deutlich von den Facebookauftritten anderer Marken unterscheidet. Item 2 geht in dieselbe Richtung, es fragt, ob sich der Facebookauftritt der Marke positiv von anderen Markenauftritten auf Facebook abhebt. Diesen Gedanken führt Item 3 noch eine Stufe weiter, es erkundigt sich, ob der Facebookauftritt der Marke einzigartig ist, was als höchste Allegorie der Individualität verstanden werden kann. Wie bei den Konstrukten zuvor, so handelt es sich auch bei der Individualität des Facebookauftritts um ein reflektives Konstrukt. Die Items geben die Eigenschaften wieder, die ein individuell geprägter Facebookauftritt ausstrahlt, aber sie bilden nicht die Merkmale die ihn formen.[304]

Item	Faktorladung	t-Wert	Quelle
Item 1: Der Facebookauftritt von Nutella unterscheidet sich deutlich von den Facebookauftritten anderer Marken.	0,951	96,37	Vgl. Müller/ Wünschmann (2004), S. 57.
Item 2: Der Facebookauftritt von Nutella hebt sich positiv von den Auftritten anderer Marken ab.	0,93	56,37	Vgl. Buchner (2008), S.130.
Item 3: Der Facebookauftritt von Nutella ist einzigartig.	0,858	24,24	Vgl. Buchner (2008), S.130.

Tabelle 13: Die Items des Konstrukts Individualität des Facebookauftritts und ihre gemessenen Werte
Quelle: Eigene Darstellung.

Auch bei diesem Konstrukt sind Faktorladungen und t-Werte recht hoch, es werden alle Anforderungen an die Items erfüllt. Das Absinken der Werte von Item 1 bis zu Item 3 kann man so interpretieren, dass von den Probanden, die zwar einen deutli-

302 Vgl. Burmann/ Schallehn (2010), S. 64.
303 Vgl. Riesenbeck/ Perrey (2005), S. 344 f.
304 Vgl. Matthes (2009), S. 163 f.

chen Unterschied zwischen dem Auftritt von Nutella und anderen Marken gesehen haben, nicht alle der Meinung waren, dass man deshalb „von positiv abheben“ sprechen kann. Und das Attribut „einzigartig“ vergaben davon noch weniger Probanden, was auch nicht verwunderlich ist, da „einzigartig“ eine Aufstufung gegenüber „unterscheidet sich deutlich“ ist.

Die Konvergenzvalidität dieses Konstrukts ist erfüllt, da die Konstruktreliabilität einen Wert von 0,938 und die DEV einen von 0,835 hat. Dasselbe gilt für die Diskriminanzvalidität. Die höchste Korrelation der Individualität des Facebookauftritts besteht mit der Kontinuität, der quadrierte Wert ist mit 0,339 aber deutlich unter der DEV. Auch Vorhersagevalidität und Unidimensionalität erfüllen sich. Bei letzterer ergab die Faktoranalyse die eindeutigen Ladungswerte von 0,813 bis 0,86.

Kriterien	Werte
Konvergenzvalidität:	
Konstruktreliabilität	0,938
Durchschnittlich erfasste Varianz (DEV)	0,835
Diskriminanzvalidität:	
Fornell-Larcker-Kriterium	Erfüllt
Vorhersagevalidität (Q^2)	0,6245
Unidimensionalität	Erfüllt

Tabelle 14: Übersicht über die gemessenen Gütekriterien beim Konstrukt Individualität des Facebookauftritts
Quelle: Eigene Darstellung.

4.4.5 Operationalisierung des Facebook-Marken-Fits

Der Facebook-Marken-Fit ist wie gleichartige Fits zu operationalisieren. Marken- und Produktfit betrachten im Grunde denselben Zusammenhang, nämlich die Bündelung zweier Kompetenzen in einer Leistung. Deswegen werden für den Facebook-Marken-Fit Items aus Marken- und Produktfit verwendet, die natürlich auf den Sachverhalt des Markenauftritts bei Facebook umformuliert wurden:

Item 1 fragt, ob Facebook und Nutella gut zusammenpassen. In etwa das Gegenteil wird mit Item 2 geprüft, hier heißt es, ob Facebook und die Marke keine Widersprüche aufweisen.[305] Eher auf die Einstellung zur Marke zielt Item 3 ab, dieses verlangt eine Meinung dazu, ob das Image der Marke durch einen Auftritt bei Facebook gut ergänzt wird.[306] Es handelt sich bei dem Facebook-Marken-Fit um ein formatives Konstrukt, da die einzelnen Indikatoren die Bedingungen beschreiben, unter denen ein Fit zustande kommt. Der Fit setzt sich also aus Indikatoren zusammen, die untereinander nicht austauschbar sind.[307] Demzufolge sollten sie alle signifikant sein, denn anders als bei reflektiven Konstrukten wäre hier eine Eliminierung von Indikatoren kritisch.

Item	Gewichte	t-Wert	Quelle
Item 1: Facebook und Nutella passen gut zusammen.	0,128	7,03	Vgl. Simonin/ Ruth (1998), S. 35.
Item 2: Das Social Network Facebook und Nutella weisen keine Widersprüche auf.	0,179	10,11	Vgl. Simonin/ Ruth (1998), S. 35.
Item 3: Das Image von Nutella wird durch einen Auftritt bei Facebook gut ergänzt.	0,777	39,16	Baumgarth (2003), S. 253 f.

Tabelle 15: Die Items des Konstrukts Facebook-Marken-Fit und ihre gemessenen Werte
Quelle: Eigene Darstellung.

Auch hier erfüllen die Items alle Mindestwerte. Die Gewichte sollte mindestens 0,1 betragen, die Signifikanzen aufgrund des zweiseitigen Tests, der bei formativen Konstrukten durchgeführt wird, 1,98. Alle Items liegen mit ihren Werten darüber, das erste formative Konstrukt des Kausalmodells wird damit durch seine Items erklärt.

Die Berechnung der anderen Gütekriterien verläuft bei formativen Konstrukten anders als bei reflektiven,[308] weshalb an dieser Stelle andere Betrachtungen vorgenommen werden, als bei den bisherigen Konstrukten. Die Diskriminanzvalidität ist hier erfüllt, wenn die einzelnen Konstruktkorrelationen unter einem Wert von 0,9 sind. Die größte Korrelation hat der Facebook-Marken-Fit mit der Konsistenz zwischen

[305] Vgl. Simonin/ Ruth (1998), S. 35.
[306] Vgl. Baumgarth (2003), S. 258 f.
[307] Vgl. Sturm (2011), S. 149 f.
[308] Vgl. Kapitel 4.1.2.

Facebookauftritt und Marke. Sie liegt bei 0,54 und damit unter 0,9, weshalb die Diskriminanzvalidität beim Facebook-Marken-Fit erfüllt ist. Als zweites Kriterium wird die Multikollinearität geprüft, die die Frage beantwortet, ob die formativen Indikatoren sich gegenseitig erklären. Dies ist nicht erwünscht, denn die Indikatoren bei formativen Konstrukte sollen verschiedene Aspekte des Konstrukts abdecken. Deshalb wäre ein Varianzinflationsfaktor von über 10 ein Grund, das Konstrukt zu verwerfen. Dazu besteht bei dem Facebook-Marken-Fit kein Anlass, die Items weisen jeweils einen VIF von unter 2,26 auf. Die Aussagekraft des Konstrukts in diesem Modell ist damit bestätigt.

Kriterien	Werte
Diskriminanzvalidität:	Erfüllt
Multikollinearität:	
VIF von Item 1	2,03
VIF von Item 2	2,26
VIF von Item 3	2,06

Tabelle 16: Übersicht über die gemessenen Gütekriterien beim Konstrukt Facebook-Marken-Fit
Quelle: Eigene Darstellung.

4.4.6 Operationalisierung des Markenvertrauens

Das Markenvertrauen wird mit vier Items operationalisiert. Zwei davon, Item 1 und 2, fragen das Markenvertrauen direkt ab. „Ich vertraue der Marke“ und „Ich empfinde die Marke als vertrauenswürdig“ lauten die beiden Formulierungen, die das Vertrauen des Probanden in die Marke messen. Zusätzlich werden noch zwei Items eingefügt, die den Grad messen, mit dem sich der Proband tatsächlich auf die Marke verlässt. Item 3 fragt deshalb, ob sich der Proband auf die Marke verlässt, und Item 4, ob er die Marke als zuverlässig empfindet.[309]

Obwohl „vertrauen“ und „sich auf etwas verlassen“ unterschiedliche Verben sind, handelt es sich beim Markenvertrauen um ein reflektives Konstrukt. Ob die Marke

[309] Vgl. Möll (2007), S. 144.

zuverlässig oder vertrauenswürdig ist, sind im Kontext der Interaktion zwischen Konsument und Marke zwei Beschreibungen für dieselbe Eigenschaft.[310]

Item	Faktorladung	t-Wert	Quelle
Item 1: Ich vertraue der Marke Nutella.	0,906	28,86	Vgl. Möll (2007), S. 144.
Item 2: Ich empfinde Nutella als vertrauenswürdig.	0,946	51,42	Vgl. Möll (2007), S. 144.
Item 3: Ich verlasse mich auf Nutella.	0,907	43,24	Vgl. Möll (2007), S. 144.
Item 4: Ich empfinde die Marke Nutella als zuverlässig.	0,893	22,47	Vgl. Möll (2007), S. 144.

Tabelle 17: Die Items des Konstrukts Markenvertrauen und ihre gemessenen Werte
Quelle: Eigene Darstellung.

Die gemessenen Werte weisen auf hohe Faktorladungen und auf eine geringe Fehlervarianz hin. Ladung und t-Werte bestätigen, dass die Items das Konstrukt gut erklären.

Das Konstrukt weist auch bei den anderen Gütekriterien sehr gute Werte auf. Die Konstruktreliabilität beträgt, 0,952 und die DEV 0,834. Damit ist die Konvergenzvalidität deutlich bestätigt worden. Die größte Korrelation hat das Markenvertrauen mit der Markenauthentizität, der quadrierte Wert ergibt ca. 0,355, womit das Fornell-Larcker-Kriterium und die Diskriminanzvalidität erfüllt sind. Die Vorhersagevalidität ist mit einem Q^2 von 0,6922 so hoch wie in keinem anderen reflektiven Konstrukt dieses Kausalmodells. Auch die Faktoranalyse weist hohe Werte auf, die Ladungen der Items erreicht Werte zwischen 0,818 und 0,81 auf derselben Komponente. Damit ist die Unidimensionalität des Konstrukts Markentreue nachgewiesen.

[310] Vgl. Huber/ Regier/ Kissel (2009), S. 104 f.

Kriterien	Werte
Konvergenzvalidität:	
Konstruktreliabilität	0,952
Durchschnittlich erfasste Varianz (DEV)	0,834
Diskriminanzvalidität:	
Fornell-Larcker-Kriterium	Erfüllt
Vorhersagevalidität (Q^2)	0,6922
Unidimensionalität	Erfüllt

Tabelle 18: Übersicht über die gemessenen Gütekriterien beim Konstrukt Markenvertrauen
Quelle: Eigene Darstellung.

4.4.7 Operationalisierung der Markenloyalität

Wie in Kapitel 3.4. erläutert, wird die Markenloyalität in dieser Studie als die Aspekte des Verhaltens (behavioristischer Ansatz) verstanden.[311] Ein Proband zeigt somit Markentreue, wenn er nicht auf Konkurrenzmarken ausweicht, sondern bei einem Bedarf für das Produkt der Marke immer bei derselben Marke bleibt. Das erste Item dieses Konstrukts fragt deshalb nach, ob der Proband immer die zu betrachtende Marke kauft.

Um wirklich von Markenloyalität sprechen zu können, muss der Proband der Marke auch treu bleiben, wenn ihn Umstände während der Kaufsituation dazu verleiten könnten, eine andere Marke zu wählen.[312] Deshalb wurden drei weitere Items erhoben, um Anreize zur Untreue zu überprüfen. Item 2 stellt die Situation der Nicht-Verfügbarkeit des Markenprodukts dar und fragt, ob der Proband lieber warten würde, bis die Marke wieder verfügbar ist, oder eine andere kauft.[313] Frage 3 stellt die Bereitschaft zur Zahlung eines Preispremiums auf die Probe, es wird gefragt, ob der Proband lieber etwas mehr für die Marke zahlt, anstatt eine andere zu kaufen. Item 4 beschreibt die Situation, in der dem Probanden eine andere Marke angeboten wird und er soll sich entscheiden, ob er trotzdem die Marke kauft.[314]

311 Vgl. Jacoby/ Chestnut (1978), S.35 ff.
312 Vgl. Oliver (1999), S. 34.
313 Vgl. Muncy (1996), S.417.
314 Vgl. Müller (2007), S. 98.

Bei der Markenloyalität handelt es sich um ein formatives Konstrukt, die einzelnen Items beschreiben verschiedene Ausprägungen der Loyalität und sind nicht austauschbar. Obwohl es bei formativen Konstrukten unüblich ist, soll eines der Items im Vorfeld eliminiert werden. Item 2 ist nicht geeignet für die Betrachtung der Markenloyalität in dieser Studie. Grund dafür ist das Untersuchungsobjekt. Beim Produkt von Nutella handelt es sich um ein *Fast-Moving-Consumer-Good*[315]. Bei diesen findet der Produktkauf habitualisiert mithilfe eines „evoked set of alternatives“ statt, d.h. mit einem Satz von qualitativ und preislich ähnlichen Produkten. Einen ausführlichen Kaufentscheidungsprozess gibt es hier nicht. Sollte Nutella in einem Geschäft nicht vorhanden sein, ist es bei einem Fast-Moving-Consumer-Good üblich, dass der Konsument spontan die nächstbeste Marke aus seinem „evoked set“ kauft, anstatt zusätzliche Beschaffungsanstrengungen zu unternehmen.[316] Da das in der Natur dieser Produktkategorie liegt, kann und wird das nicht als Missachtung der Markenloyalität betrachtet. Der Konsument kann Nutella also weiterhin loyal sein, obwohl er ein anderes Produkt gekauft hat. Aus diesem Grund wird Item 2 eliminiert.

Item	Gewichte	t-Wert	Quelle
Item 1: Ich kaufe immer Nutella.	0,287	14,28	Vgl. Müller (2007), S. 98.
Item 2: Wenn Nutella in einem Geschäft nicht mehr vorrätig wäre, würde ich lieber warten, bis es wieder verfügbar ist, als eine andere Marke zu kaufen.	(eliminiert)	n.s.	Vgl. Muncy (1996), S.417.
Item 3: Ich würde eher etwas mehr für Nutella bezahlen, als eine andere Marke zu kaufen.	0,562	21,46	Vgl. Müller (2007), S. 98.
Item 4: Wenn mir eine andere Marke angeboten wird, kaufe ich trotzdem Nutella.	0,217	13,44	Vgl. Müller (2007), S. 98.

Tabelle 19: Die Items des Konstrukts Markenloyalität und ihre gemessenen Werte
Quelle: Eigene Darstellung.

[315] Unter Fast-Moving-Consumer-Goods versteht man Verbrauchs- oder kurzlebige Wirtschaftsgüter, die im Regelfall in einer oder weniger Verwendungseinheiten konsumiert werden. Als Beispiel kann man Getränke, Waschmittel oder eben Brotaufstriche wie im Fall von Nutella nennen. Vgl. Kotler/ Bliemel (1995), S. 663.

[316] Vgl. Nieschlag/ Dichtl/ Hörschgen (2002), S. 580 f; vgl. Ahlström/ Gesper (2007), S. 120 f.

Die übriggebliebenen Items Nr. 1, 3 und 4 erfüllen die Gütekriterien. Signifikanz und Gewichte übersteigen die kritischen Werte. Das Modell ist auch mit Item 2 berechnet worden, dabei erreichte dieser Indikator wie erwartet nicht die notwendige Signifikanz von 1,98, die Eliminierung ist somit gerechtfertigt.

Trotz des Wegfalls von Item 2 kann das Konstrukt die Diskriminanzvalidität und die Multikollinearität einhalten. Bei ersterem erwies sich das Markenvertrauen als das Konstrukt mit der höchsten Korrelation, diese lag mit 0,492 deutlich unter der Höchstgrenze von 0,9, die Diskriminanz ist damit valide. Auch die Multikollinearität konnte widerlegt werden, die einzelnen Items erreichen jeweils einen VIF von 4,35 und weniger, womit sie unter der kritischen Grenze von 10 liegen.

Kriterien	Werte
Diskriminanzvalidität:	Erfüllt
Multikollinearität:	
VIF von Item 1	3,31
VIF von Item 2	eliminiert
VIF von Item 3	3,5
VIF von Item 4	4,35

Tabelle 20: Übersicht über die gemessenen Gütekriterien beim Konstrukt Markenloyalität
Quelle: Eigene Darstellung.

4.5 Beurteilung des Untersuchungsmodells anhand der Gütekriterien des Strukturmodells

Nach der Validierung der einzelnen Konstrukte, soll nun überprüft werden, inwiefern das Kausalmodell und seine Hypothesen die reale Fragestellung der Markenauthentizität in Social Networks abbildet. Dazu werden die in Kapitel 4.1.2 vorgestellten Kriterien der Strukturmodellebene angewendet.

Zunächst sollen dabei die aufgestellten kausalen Zusammenhänge betrachtet werden. Diese werden anhand ihrer Strukturparameter (Pfadkoeffizienten) und ihrer t-Werte beurteilt. Der Strukturparameter gibt mit seiner Höhe und seinem Vorzeichen an, ob und in welcher Stärke ein Konstrukt das kausal nachfolgende beeinflusst.[317] Eine Übersicht über die berechneten Strukturparameter soll Abb. 13 geben.

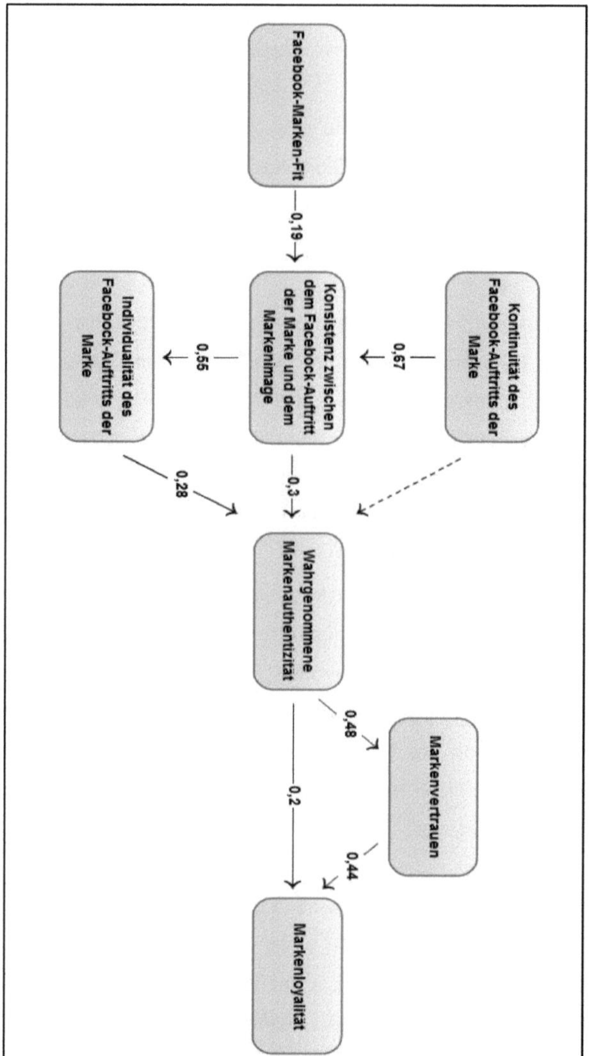

Abbildung 13: Das Untersuchungsmodell zur Auswirkung eines Facebookauftritts einer Marke auf die Markenauthentizität mit seinen Strukturparametern

Quellen: Eigene Darstellung.

[317] Vgl. Lohmöller (1989), S. 60 f.

Der Wert der Pfadkoeffizienten ist aber nur dann anzuerkennen, wenn diese auch signifikant getestet wurden. Ist der t-Wert unter der kritischen Untergrenze von 1,66, liegt keine Signifikanz und somit kein Einfluss auf das nachfolgende Konstrukt vor. Die Hypothese und ihr Strukturparameter sind dann abzulehnen, unabhängig davon, wie hoch der Strukturparameter ausgefallen ist.

Bei Hypothese H1 muss genau das angewendet werden. Aufgrund ihres mangelhaften t-Wertes besteht keine Signifikanz in der kausalen Beziehung zwischen Kontinuität des Facebookauftritts und der wahrgenommenen Markenauthentizität. Hypothese H1 wird deshalb verworfen.

Alle der anderen Hypothesen erbringen die erforderliche Signifikanz.[318] Mit Ausnahme von Hypothese H9 weisen alle anderen Hypothesen einen t-Wert von über 1,98 auf; dieser Wert indiziert ein Signifikanz-Niveau mit 5%iger Irrtumswahrscheinlichkeit. Hypothese H9, die den kausalen, direkten Einfluss der Markenauthentizität auf die Markenloyalität beschreibt, erreicht einen t-Wert von 1,84, womit es über der kritischen Grenze des 10%igen Signifikanz-Niveaus liegt.

Damit konnten die meisten der kausalen Beziehungen bestätigt werden. Als nächstes werden die Gütekriterien des Strukturmodells betrachtet, die sich auf die Konstrukte beziehen. Das erste davon ist das Bestimmtheitsmaß R^2. Betrachtet werden hierbei sämtliche endogene Konstrukte und es wird ermittelt, wie genau die Varianz des Konstrukts von der Varianz seiner kausalen Vorgänger beschrieben wird. Der berechnete Wert für R^2 muss dabei über 0,3 liegen, damit das endogene Konstrukt ausreichend erklärt wird.[319]

Das Konstrukt „Wahrgenommene Markenauthentizität“ erfüllt diese Anforderung nicht, das Bestimmtheitsmaß R^2 weist einen Wert unter 0,3 auf. Da die Authentizität der Marke sich aus wesentlich mehr Komponenten und Eindrücken bildet, als den Facebookauftritt der Marke allein, können die Determinanten „Konsistenz zwischen Facebookauftritt und Markenimage“ und „Individualität des Facebookauftritts“ die

[318] Vgl. Tab. 22 in Kapitel 4.6.
[319] Vgl. Huber/ Regier/ Kissel (2009), S. 97.

Markenauthentizität alleine nicht hinreichend beschreiben.[320] Das Bestimmtheitsmaß R^2 erreicht 0,256 und liegt damit nicht weit unter den notwendigen 0,3. Wie in Kapitel 4.1.2 erläutert, führt dieser niedrige Wert nicht zu einer Verwerfung des Konstrukts, da sich trotzdem ein Einfluss auf die Markenauthentizität messen lässt. Die anderen endogenen Konstrukte des Modells erfüllen dieses Kriterium. Sie alle weisen ein R^2 von über 0,3 auf, ihre genauen Werte können in Tab. 21 nachgelesen werden.

Ein weiterer Wert, der in diesem Zusammenhang berechnet wird, ist die Vorhersagevalidität. Diese wird nur für reflektive und gleichzeitig endogene Konstrukte herangezogen, was in diesem Kausalmodell die „Konsistenz zwischen dem Facebookauftritt der Marke und dem Markenimage", die „Individualität des Facebookauftritts", die „wahrgenommene Markenauthentizität" und das „Markenvertrauen" sind. Die Berechnung der Vorhersagevalidität verläuft ähnlich der auf der Messmodellebene. Auch hier wird das Stone-Geissers Q^2 angewendet und es muss einen positiven Wert annehmen, damit die Vorhersagevalidität im Strukturmodell gegeben ist.[321] Alle vier Konstrukte erfüllen das, auch diese Werte können in Tab, 21 eingesehen werden:

Endogenes Konstrukt	Bestimmtheitsmaß R^2	Stone-Geissers Q^2
Konsistenz zwischen Facebookauftritt und Markenimage	0,605	0,102
Individualität des Facebookauftritts	0,305	0,091
Markenauthentizität	0,256	0,043
Markenvertrauen	0,355	0,161
Markenloyalität	0,342	kein reflektives Konstrukt

Tabelle 21: Übersicht über das berechnete Bestimmtheitsmaß und die Vorhersagevalidität auf der Strukturmodellebene
Quelle: Eigene Darstellung.

[320] Die Kontinuität des Facebookauftritts fällt bei dieser Betrachtung heraus, da ihr Einfluss in diesem Modell bereits durch die mangelnde Signifikanz von H1 widerlegt wurde; vgl. Kapitel 4.5.
[321] Vgl. Huber/ Regier/ Kissel (2009), S. 97.

Wenn zwei oder mehr Konstrukte auf dasselbe endogene Konstrukt verweisen, ist eine Multikollinearität zu widerlegen. Das bedeutet, dass die Konstrukte, die ein endogenes Konstrukt gemeinsam beeinflussen, sich nicht gegenseitig erklären dürfen. Dazu werden ihre Varianzen verglichen und sollte sich herausstellen, dass diese hohe Korrelationen aufweisen, ist eines der Konstrukte zu eliminieren.[322] Folgenden Teilen des Modells müssen auf Multikollinearität geprüft werden:

- Facebook-Marken-Fit und Kontinuität des Facebookauftritts, die gemeinsam auf die Konsistenz zwischen Facebookauftritt und Markenimage verweisen.
- Konsistenz zwischen Facebookauftritt und Markenimage sowie Individualität des Facebookauftritts, die gemeinsam auf die Markenauthentizität verweisen.
- Markenauthentizität und Markenvertrauen, die gemeinsam auf die Markenloyalität verweisen.

Gemessen wird dabei der Varianzinflationsfaktor (VIF), der unter dem kritischen Wert 10 sein muss, damit keine Multikollinearität vorliegt. Da es jeweils nur zwei Konstrukte sind, die betrachtet werden, vereinfacht sich die Berechnung des VIF, da dieser für beide Konstrukte den gleichen Wert annimmt. Alle drei beschriebenen Situationen bleiben unter dem VIF von 10. „Facebook-Marken-Fit" und „Kontinuität des Facebookauftritts" haben einen VIF mit dem Wert 1,376, „Konsistenz zwischen Facebookauftritt und Markenimage" und die „Individualität des Facebookauftritts" einen mit 1,426 und „Markenauthentizität" und Markenvertrauen" einen mit 1,546. Damit liegt keine Multikollinearität auf der Strukturmodellebene vor.

Das Kausalmodell wurde damit auf seine Aussagekraft geprüft. Sieht man von Hypothese H1 ab, konnten die empirisch erhobenen Daten belegen, dass das Modell in sich stimmig ist und die Realität abbildet. Deshalb können aus ihm, aus den Hypothesen und aus den gemessenen Ergebnissen Rückschlüsse gezogen werden, wes-

[322] Vgl. Huber/ Regier/ Kissel (2009), S. 97.

halb im nächsten Schritt eine ausführliche Interpretation der Forschungsergebnisse vorgenommen wird.

4.6 Interpretation der Ergebnisse

Das Augenmerk der Interpretation soll zunächst auf die Markenauthentizität gelegt werden. In Kapitel 2.2.2 wurden Kontinuität, Konsistenz und Individualität als Determinanten für die Markenauthentizität theoretisch hergeleitet und die Betrachtung für den Social Media Kontext modifiziert. Das speziell für diese Studie aufgestellte Konstrukt „Kontinuität des Facebookauftritts“ wurde – entgegen den Erkenntnissen von Burmann und Schallehn – als Determinante für die Markenauthentizität nicht bestätigt, es hat keine signifikante Auswirkung auf die Markenauthentizität. Dieses Ergebnis bedeutet allerdings nicht, dass die Kontinuität im Allgemeinen nicht zur Markenauthentizität beiträgt. Dieser Sachverhalt wurde in dieser Studie nicht untersucht, deshalb lässt sich an dieser Stelle keine qualifizierte Aussage darüber treffen.

Aber im Kontext des Facebookauftritts als Instrument des Markenmanagements, hat sich die Kontinuität des Facebookauftritts in dieser Studie als irrelevant für die Markenauthentizität erwiesen. Die Gründe hierfür können vielfältiger Art sein und nicht zuletzt auch in der Natur der Social Networks selbst liegen. So stellen die Markenauftritte bei Facebook eine noch relativ junge Möglichkeit der Markenführung dar. Es wird in Facebook noch viel experimentiert und bislang gibt es noch keinen allgemeingültigen Ansatz, wie man dieses Medium als Marke effektiv nutzen kann.[323] Ob eine Marke mit einem Facebookauftritt überhaupt ein hohes Maß an Kontinuität ausstrahlen kann, ist daher fraglich.

Darüber hinaus soll darauf hingewiesen werden, dass 55,47% der Befragten vor der Teilnahme an der Online-Umfrage nicht wussten, dass die Marke Nutella über einen eigenen Facebookauftritt verfügt. Von diesen haben 81,58% einen oder mehrere der Items mit „Weder noch“ beantwortet, was überdurchschnittlich hoch ist. Das wirft die

[323] Vgl. Weinberg (2010), S. 45.

Frage auf, ob diese Art der Studie dazu geeignet ist, die Kontinuität eines Facebookauftritts einer Marke zu messen. Trotz dieser möglichen Begründungen muss als Ergebnis festgehalten werden, dass kein positiver Einfluss der Kontinuität des Facebookauftritts auf die Markenauthentizität nachgewiesen werden konnte. Hypothese H1 wird somit verworfen.

Dafür haben sich die anderen beiden postulierten direkten Determinanten auf die Markenauthentizität bestätigt. Die Konsistenz zwischen dem Facebookauftritt der Marke und dem Markenimage übt mit einem Pfadkoeffizienten in Höhe von 0,3 einen signifikanten Einfluss auf die Markenauthentizität aus. Dies bedeutet, dass wenn sich die Konsistenz um eine Einheit erhöht, hat das eine Verbesserung der Markenauthentizität um 0,3 Einheiten zur Folge. Hypothese H2 wird daher angenommen. Das gilt auch für Hypothese H3, da die Individualität des Facebookauftritts ähnlich stark auf die Markenauthentizität wirkt, hier liegt ein Pfadkoeffizient von 0,28 vor. Auch dieser Einfluss wurde signifikant getestet.

Wie zuvor beschrieben, liegt das Bestimmtheitsmaß R^2 der wahrgenommenen Markenauthentizität mit 0,256 unter dem geforderten Wert von 0,3. Man kann an dieser Stelle argumentieren, dass sich dadurch die Varianzen des Konstrukts Markenauthentizität nicht ausreichend erklären lassen. Wenn man aber bedenkt, dass mit dem Konstrukt Markenauthentizität die gesamte Marke mit all ihren Werten, Werbemaßnahmen o.ä. gemeint ist, die Determinanten sich aber alleine auf den Facebookauftritt beschränken, dann sind diese 0,256 beachtlich. In etwa ein Viertel der schwankenden Betrachtungen der einzelnen Probanden sind auf die Konsistenz und die Individualität des Facebookauftritts zurückzuführen und unter diesem Gesichtspunkt erscheinen auch die beiden Pfadkoeffizienten relativ stark, auch wenn ihre Werte eher durchschnittlich sind.

Zusammenfassend bleibt zu konstatieren, dass sich der direkte Einfluss der Kontinuität des Facebookauftritts auf die Markenauthentizität nicht bestätigt hat, dafür lässt sich aber ein indirekter Bezug nachweisen. Denn wie in Kapitel 3.1 hergeleitet, wirken die drei Determinanten Kontinuität, Konsistenz und Individualität des Facebookauftritts auch untereinander. Der Pfadkoeffizient von der Kontinuität auf die Konsistenz liegt bei beachtlichen 0,67, der Einfluss der Kontinuität ist also groß. Mit einem t-Wert von 10,44 ist diese Verbindung signifikant, weshalb Hypothese H4 angenommen wird. Da die Konsistenz wiederum direkt die Markenauthentizität beeinflusst, zeigt sich zumindest über diesen Weg eine Auswirkung der Kontinuität auf dieses Zielkonstrukt. Auch die kausale Verknüpfung von Konsistenz und Individualität weist einen hohen, signifikant getesteten Pfadkoeffizienten auf. Mit 0,55 wirkt die Konsistenz deutlich auf die Individualität, was die in Kapitel 3.1 geäußerte Hypothese H5 bestätigt.

Weniger stark fällt der Einfluss des Facebook-Marken-Fits aus. Mit dem Pfadkoeffizienten von 0,19 ist zumindest eine Beeinflussung auf die Konsistenz vorhanden, doch letztendlich scheint die Konsistenz zwischen Facebookauftritt und Markenimage weit mehr zu fordern als nur einen Markenfit zwischen der betrachteten Marke und Facebook. Trotzdem konnte das Konstrukt der Konsistenz mit einem Bestimmtheitsmaß von 0,605 abgebildet werden. Dieser hohe Wert ist aber v.a. auf den hohen Einfluss der Kontinuität zurückzuführen. Die Betrachtung der VIF der beiden Konstrukte zeigt, dass sich der Facebook-Marken-Fit und die Kontinuität des Facebookauftritts gegenseitig nur gering rekonstruieren können. Das spricht von großen Unterschieden zwischen den beiden Konstrukten und erklärt die große Spanne der beiden Pfadkoeffizienten. Kontinuität ist demnach bedeutender für die Konsistenz als der Facebook-Marken-Fit.

Was die Zielkonstrukte angeht, so lassen sich auch hier signifikante Einflussnahmen nachweisen. Die Markenauthentizität verweist auf das Markenvertrauen mit einem Pfadkoeffizienten von 0,48, was relativ hoch ist. Das Bestimmtheitsmaß mit einem R^2 von 0,355 und die Vorhersagevalidität mit einem Q^2 von 0,161 zeigen, dass die Markenauthentizität das Markenvertrauen gut beschreibt. Da dem Markenvertrauen nur ein Konstrukt kausal direkt vorangestellt ist, sind diese Werte als gut einzustufen.

Die Markenloyalität wird mit 0,342 als Bestimmtheitsmaß ähnlich gut beschrieben. Das Markenvertrauen wirkt dabei mit einem Pfadkoeffizienten von 0,44, was deutlich stärker als der direkte Einfluss der Markenauthentizität ist, der bei 0,2 liegt. Die Signifikanz des kausalen Zusammenhangs zwischen Markenauthentizität und Markenloyalität reicht auch nur für ein 10%iges Signifikanz-Niveau. Da die Markenauthentizität stark auf das Markenvertrauen wirkt, welches wiederum gut auf die Markenloyalität Einfluss nimmt, stellt die Markenauthentizität in einer Gesamtbetrachtung ein wichtiges Konstrukt zur Gestaltung der Markenloyalität dar. Betrachtet man nur die direkten Einflussgrößen, so fällt die Bedeutung der Markenauthentizität für die Markenloyalität, sie ist dennoch ein Konstrukt mit signifikantem Einfluss.

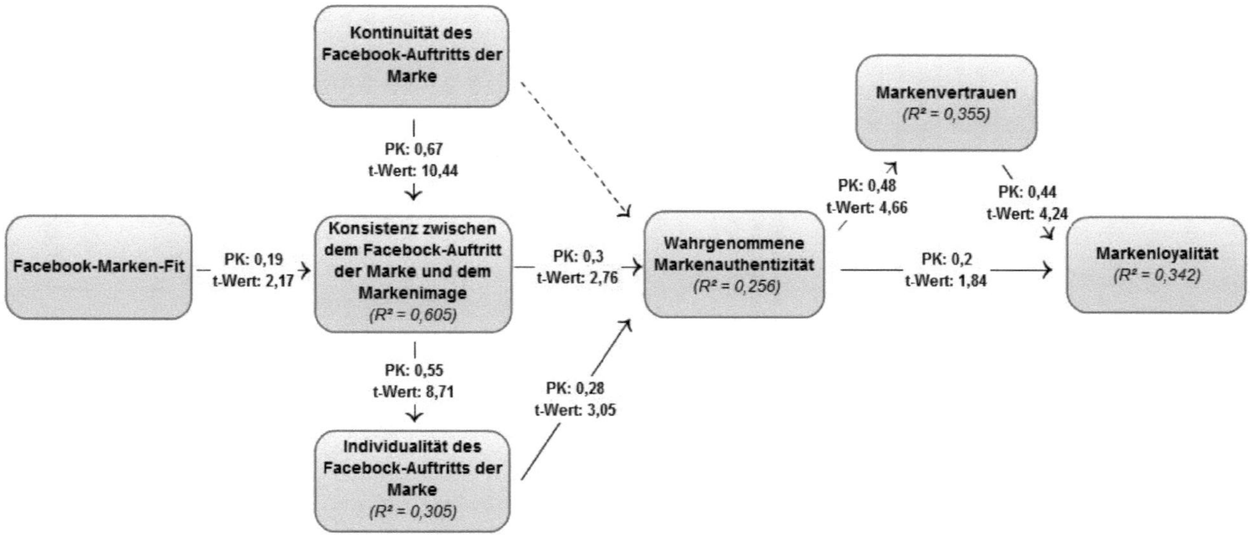

PK: Pfadkoeffizient
R^2: Bestimmtheitsmaß

Abbildung 14: Das Untersuchungsmodell zur Auswirkung eines Facebookauftritts einer Marke auf die Markenauthentizität mit sämtlichen Parametern der Hypothesen

Quellen: Eigene Darstellung.

Insgesamt ließen sich die auf die Markenauthentizität folgenden Zielkonstrukte in diesem Kausalmodell bestätigen. Und mit ihnen alle Hypothesen mit Ausnahme von H1. Darüber soll die folgende Tabelle einen abschließenden Überblick geben.

Nr.	Hypothese	Pfadkoeffizient	t-Wert	Ergebnis
H1	Die wahrgenommene Kontinuität des Facebookauftritts der Marke hat einen positiven Einfluss auf die wahrgenommene Markenauthentizität.	---	---	nicht bestätigt
H2	Die wahrgenommene Konsistenz zwischen dem Facebookauftritt der Marke und dem Markenimage hat eine positive Auswirkung auf die wahrgenommene Markenauthentizität.	0,3	2,76	bestätigt
H3	Die wahrgenommene Individualität des Facebookauftritts der Marke hat einen positiven Einfluss auf die wahrgenommene Markenauthentizität.	0,28	3,05	bestätigt
H4	Die wahrgenommene Kontinuität des Facebookauftritts der Marke hat einen positiven Einfluss auf die wahrgenommene Konsistenz zwischen dem Facebookauftritt der Marke und dem Markenimage.	0,67	10,44	bestätigt
H5	Die wahrgenommene Konsistenz zwischen dem Facebookauftritt der Marke und dem Markenimage hat eine positive Auswirkung auf die Individualität des Facebookauftritts der Marke.	0,55	8,71	bestätigt
H6	Der wahrgenommene Facebook-Marken-Fit hat eine positive Auswirkung auf die Konsistenz zwischen dem Facebookauftritt der Marke und dem Markenimage.	0,19	2,17	bestätigt
H7	Die wahrgenommene Markenauthentizität hat einen positiven Einfluss auf das Markenvertrauen.	0,48	4,66	bestätigt
H8	Das Markenvertrauen hat einen positiven Einfluss auf die Markenloyalität.	0,44	4,24	bestätigt
H9	Die wahrgenommene Markenauthentizität hat einen positiven Einfluss auf die Markenloyalität.	0,2	1,84	bestätigt

Tabelle 22: Die Hypothesen des Kausalmodells und ihre berechneten Werte
Quelle: Eigene Darstellung.

Durch die hier vorgestellten Ergebnisse lassen sich einige Handlungsempfehlungen und Implikationen geben, die im folgenden Kapitel vorgestellt werden. Die Implikationen sind hierbei in Implikationen für die Praxis, also die Anwendung in der Wirtschaft, und in Implikationen für die Forschung untergliedert.

4.7 Implikationen dieser Studie

4.7.1 Implikationen für die Praxis

Die Markenloyalität führt zu sinkenden Kosten, steigenden Umsätzen und schafft eine langfristige Bindung des Konsumenten an die Marke. Einen bestehenden Kunden zu halten gilt als fünfmal kostengünstiger, als einen neuen zu gewinnen, weshalb der Aufbau von Markenloyalität einen strategischen Vorteil verschafft.[324] Das gilt auch für das Markenvertrauen, welches zu einer positiven Tendenz in der Kaufentscheidung zugunsten der Marke führt.[325] Eine Marke, die sowohl das Vertrauen als auch die Loyalität ihrer Konsumenten genießt, hat damit einen gewichtigen Vorteil gegenüber Marken, deren Konsumenten diese Merkmale nicht aufweisen. Die Markenführung sollte deshalb u.a. darauf ausgerichtet sein, diese beiden Werte zu schaffen. Dass dabei die Markenauthentizität hilft, konnte diese Studie belegen. Da die Markenauthentizität einen indirekten, positiven Einfluss auf die Markenloyalität hat und das Markenvertrauen zu 35,5% erklärt,[326] sollte es das Ziel einer jeden Marke sein, authentisch zu wirken.

Die Authentizität beschränkt sich den Erkenntnissen der vorliegenden Untersuchung zufolge dabei aber nicht auf einen einzelnen Aspekt der Markenführung, sondern auf ihr gesamtes Auftreten. Der Einfluss der Konsistenz zwischen dem Facebookauftritt und dem Markenimage zeigt, dass die Authentizität einer einzelnen Werbemaßnahme wie z.B. der Markenauftritt bei Facebook von der Authentizität der gesamten Markenführung abhängig ist. Das Markenimage muss sich als einheitliches, in sich konsistentes Gesamtpaket präsentieren und darf vom Konsumenten nicht auf jedem Medium anders wahrgenommen werden. Ansonsten besteht die Gefahr, dass die Marke, ähnlich eines unauthentischen Benutzers einer Online Community, zur Hyperpersonalität neigt. Dadurch würden nicht eine sondern gleich viele Markenidentitäten entstehen,[327] was eine klare Zuordnung der Identitäten auf das tatsächli-

[324] Vgl. Kapitel 3.4.
[325] Vgl. Kapitel 3.3.
[326] Vgl. Kapitel 4.6.
[327] Vgl. Utz (1999), S. 13 ff.

che Markenimage unmöglich macht. In diesem Fall besitzt die Marke letztendlich keine wirkliche Identität und die identitätsbasierte Markenführung wäre gescheitert. Die zentrale Herausforderung für einen Markenmanager besteht daher darin, den Facebookauftritt der Marke als logische, mit dem restlichen Markenmanagement konsistente Ergänzung zu gestalten.

Ist diese Konsistenz der Markenführung vorhanden, muss sie auf den Facebookauftritt der Marke übertragen werden. Der Einfluss der Konsistenz zwischen Facebookauftritt und Markenimage auf die Markenauthentizität belegt, dass der Markenauftritt die wahrgenommene Identität der Marke, ihre Werte und Botschaften wiederspiegeln muss. Im besten Fall erkennt der Konsument die Marke anhand des Facebookauftritts sofort wieder, wird dadurch an positive Erfahrungen mit der Marke erinnert und fühlt sich mit ihr vertraut. Mangelt es an Konsistenz, wird der Benutzer zwar in der Lage sein, die Marke kognitiv zu erkennen, auf emotionaler Ebene wird er dadurch aber nicht angesprochen und bleibt deshalb der Markenbotschaft gegenüber verschlossen. Authentisch kann deshalb nur die Marke wirken, die eine innere Konsistenz aufweist.

Eine Konsistenz zwischen Facebookauftritt und Markenimage kann erreicht werden, indem sich der Facebookauftritt nahtlos an andere Aktivitäten des Markenmanagements anreiht. Er soll an Werbung aus anderen Medien erinnern. Nutzt die Marke bspw. bestimmte Werbefiguren, sollten diese in irgendeiner Form auf Facebook auftauchen, vielleicht sogar mit einem eigenen Auftritt. Spricht man seine Konsumenten in Fernseh- und Radiowerbung mit „Sie“ an, so sollte man auch auf Facebook diesen Ton wählen. Und wenn die Marke viele Events wie Konzerte oder Sportereignisse sponsert oder auch eigene Events veranstaltet, sollte von diesen auf Facebook berichtet werden.

Auch sollte man wissen, wie man die Aufmerksamkeit der eigenen Zielgruppe gewinnt. Bei z.B. einer Automobilmarke, die von ihren Kunden wegen ihres hochwertigen und edlen Designs gekauft wird, sollte der Facebookauftritt genau das ansprechen. Das kann durch Fotos und Videos geschehen, aber auch interaktive Applikationen, die eine 3D-Simulation des Automobils anzeigen, sind denkbar. Bei all den

Möglichkeiten sollte aber nicht die Frage außer Acht gelassen werden, ob die eigene Zielgruppe auf einen Facebookauftritt anspricht und ob nicht vielleicht eine Brand Community[328] geeigneter ist. Gerade bei Luxus-Marken mit exklusivem Image kann das Sinn machen.[329]

An diesen Überlegungen lässt sich erkennen, dass die Gedanken, die man sich bei der Erstellung des Markenauftritts auf Facebook macht, ähnlich denen bei anderen Werbemitteln sind. Der Facebookauftritt sollte als weitere Möglichkeit gesehen werden, die eigene Marke den Konsumenten zu präsentieren. Mit dieser Einstellung scheint es nur natürlich, den Auftritt konsistent zum Markenimage im Rahmen des Marketing-Mix zu gestalten. Hilfreich kann hierbei die Webseite der Marke sein. Wenn diese als konsistent mit dem Image der Marke angesehen wird, kann sie eine gute Grundlage für den Facebookauftritt sein, da sie ebenfalls im Internet angesiedelt ist und damit ähnliche technische Möglichkeiten hat. Wichtig ist hierbei, dass die Marke nicht versucht, das eigene Image neu zu definieren und im Internet verfälscht darzustellen. Wer sich bei seinen Aktivitäten in Online-Communities anders darstellt als in anderen Medien oder im tatsächlichen, persönlichen Kontakt mit Konsumenten, kann nicht ernstgenommen werden. Das gilt für Personen und Marken gleichermaßen.[330]

Als eine weitere wichtige Determinante für die Markenauthentizität ist die Individualität definiert worden. Zur Individualität der gesamten Markenführung kann auf Grundlage dieser Studie keine Aussage getroffen werden, dafür aber zur Individualität des Facebookauftritts. In diesen Zeiten, in denen viele Marken auf Facebook strömen und auch in anderen Werbeformen immer wieder darauf hingewiesen wird, dass man die Marke auf Facebook antreffen kann, ist ein individueller Facebookauftritt ein klarer Wettbewerbsvorteil. Es ist ein gesellschaftlicher Trend, auf Facebook und/oder anderen Online Communities aktiv zu sein[331] und dem sind auch die Marken gefolgt. Gewissermaßen tun sie nicht mehr, als sich gegenseitig zu imitieren. Ein Markenauf-

[328] Als Brand Community versteht man eine soziale Gruppe, die aus Anhängern einer Marke besteht und in der der Austausch über die Marke im Mittelpunkt steht. Vgl. Hartleb (2009), S.32
[329] Vgl. Bösl (2009), S. 94 ff.
[330] Vgl. Heymann-Reder (2011), S. 17.
[331] Vgl. Zarrella (2011), S. 8 ff.

tritt auf Facebook ist nur einer unter vielen, dem interessierten Benutzer bieten sich viele Möglichkeiten, mit Marken in Kontakt zu treten. In diesem Wettbewerb um die Aufmerksamkeit der Benutzer muss man sich hervorheben, um Erfolg zu haben. Ein Markenauftritt, der dieselben Funktionen und Möglichkeiten wie jeder andere Markenauftritt anbietet, wird sich kaum im Gedächtnis des Benutzers verankern, deshalb braucht es Individualität. Damit lassen sich Differenzierungs- und Wiedererkennungsmerkmale generieren, die den Facebookauftritt unverwechselbar machen. Da dieser einen signifikanten Einfluss auf die wahrgenommene Markenauthentizität hat, sollte sich ein Markenmanager um einen möglichst individuell gestalteten Facebookauftritt seiner Marke bemühen.

Ein Facebookauftritt kann Individualität auszustrahlen, indem er flexibel und offen für Neues ist. Die Möglichkeiten zur Nutzung des Internets und von Facebook steigen beständig an, doch müssen sie auch genutzt werden. Im Internet, wo Benutzer Seiten in Sekundenbruchteilen verlassen können, ist es schwer, die Aufmerksamkeit des Benutzers lange zu halten. Jede Form der Abwechslung gegenüber anderen Markenauftritten ist dafür hilfreich. Mit Videos, Gewinnspielen, Casual-Games, Abstimmung und Diskussionen sind damit nur ein paar Möglichkeiten genannt. Da Marken auf Social Networks mit den Benutzern direkt kommunizieren können, ergeben sich dadurch auch viele neue Formen der Interaktion. In letzter Zeit konnte man bspw. häufig Gestaltungswettbewerbe beobachten, bei denen Benutzer Produkte oder Produktverpackungen selbst designen konnten.[332] In Zukunft werden auch andere Formen dieser Interaktion entwickelt werden. Wer hier Innovationen bieten kann, wird sich schnell aus der Masse hervorheben.

Als hilfreich kann sich hier ein Benchmark über Mitbewerber und besonders erfolgreiche Facebookauftritte erweisen. Ähnlich wie beim Produktmanagement sollten Markenmanager wissen, wie es um die Qualität der Markenauftritte von Konkurrenten steht und was deren Stärken und Schwächen sind. So können gezielt Differenzierungsmerkmale ausgearbeitet werden, die einen Mehrwert des eigenen Facebookauftritts darstellen. Letztendlich ist die Individualität des Facebookauftritts

[332] Vgl. Breithut (2011).

auch an die Individualität der Marke gekoppelt. Wird die Marke nicht als individuell angesehen, wird es der Facebookauftritt schwer haben, diesen Wert auszustrahlen.

Bei all dem ist die Kontinuität des Facebookauftritts nicht zu vernachlässigen. Ihr direkter Einfluss auf die Markenauthentizität wurde nicht bestätigt, auf die erfolgsrelevanten Determinanten Konsistenz und Individualität ist demnach mehr Wert zu legen, doch ihr hoher Einfluss auf die Konsistenz zwischen Facebookauftritt und Markenimage zeigt, dass auch die Kontinuität positiven Einfluss üben kann. Die Kontinuität ist hierbei nicht mit mangelnder Anpassung an neue technische Gegebenheiten zu verwechseln. Wer seinen Facebookauftritt nicht weiterentwickelt und mit neuen Features ausstattet, wird im schnelllebigen Internet schnell einen veralteten Markenauftritt haben. Kontinuität bedeutet, dass sich das Erscheinungsbild nicht sprunghaft verändert und dass die innere Logik des Facebookauftritts zu einem gewissen Grad erhalten bleibt, sie schränkt eine Marke aber nicht dabei ein, neue Inhalte und Anwendungen zu veröffentlichen. Von mangelnder Kontinuität würde das plötzliche Deaktivieren der Pinnwand des Facebookauftritts sprechen, wenn diese davor als Hauptkommunikationsmittel genutzt wurde. Ein weiteres Beispiel wäre das Ändern des Profilbildes, das neben dem Namen als eines der beiden Erkennungsmerkmale in Social Networks fungiert. Als Marke sollte sich das Profilbild nie wesentlich ändern und darüber hinaus sollte es stets konsistent mit verwendeten Markenlogos o.ä. sein. Aber ein neues Gewinnspiel auf dem Markenauftritt einzufügen würde nicht gegen die Kontinuität des Auftritts wirken, geschehen diese Gewinnspiele regelmäßig, würde es sie sogar stärken. Kontinuität ist damit nicht als Einschränkung zu verstehen, die ein Verbessern des Markenauftritts unmöglich macht, sondern als Verpflichtung, die eigenen Online-Aktivitäten auf ein hohes Niveau zu bringen und dieses zu halten.[333]

Bleibt noch die Frage zu klären, ob sich das Engagement einer Marke bei Facebook oder anderen Social Networks generell auszahlt. Im Hinblick auf Markenauthentizität, Markenvertrauen und Markenloyalität kann diese Studie das bestätigen. Der Facebookauftritt einer Marke hat vermutlich viele Auswirkungen, die auf die Marken-

[333] Vgl. Heymann-Reder (2011), S. 17.

authentizität konnten mit 25,6%iger Erklärbarkeit des Konstrukts nachgewiesen werden. Wie zuvor erwähnt, kommt es auf ein ganzheitliches Bild an, der Facebookauftritt ist als Ergänzung zu anderen Markenmanagementmöglichkeiten zu betrachten. Aber wenn sich eine Marke authentisch auf Social Networks präsentiert, wird das einen positiven Einfluss auf ihre wahrgenommene Authentizität haben.

Es ist noch nicht abzusehen, ob Social Media und Social Networks ihre dominante Rolle im Internet behalten werden oder ob sie sich gegenwärtig nur auf dem Peak of Inflated Expectations in Gartner‘s Hype Cycle[334] befinden. Aber selbst wenn in 10 Jahren niemand mehr von Facebook spricht, ändert das nichts an der Tatsache, dass sich dort momentan mehr als 700 Mio. Menschen weltweit erreichen lassen.[335] Und diesen Menschen kann eine Marke nicht nur Werbebotschaften vermitteln, sie kann direkt und quasi privat mit ihnen kommunizieren und das auf eine Art und Weise, wie es kein Werbemedium bisher ermöglicht hat. Durch diesen Austausch kann sie Meinungen, Sichtweisen und Verbesserungsvorschläge für sich gewinnen, die aus einer Innensicht heraus unmöglich zu erlangen sind.[336] Und kann die Marke sich in diesen Diskussionen gut den Verbrauchern präsentieren und ihnen das Gefühl geben, dass sie auf sie eingeht, kann sich das positiv im Bewusstsein des Verbrauchers verankern.[337]

Dabei sollte nicht außer Acht gelassen werden, dass diese Form des Kontakts mit den Konsumenten auch Risiken birgt. Für Social Media Marketing muss eine Marke bereit sein, eine offene Diskussion über sich und ihre Kompetenzen zuzulassen, Transparenz zu bieten und damit die eigene Botschaft aus der Hand zu geben. Dass dabei auch Kritik und Beschwerden geäußert werden können, stellt eine zusätzliche Herausforderung dar. Als Marke sollte man ein Konzept entwickeln, wie man mit ne-

---

[334] Gartner's Hype Cycle ist ein Diagramm von Gartner, das beschreibt, wie sich die Erwartungen an ein Produkt oder eine Technologie im Laufe der Zeit entwickeln. Der Hype Cycle beginnt mit dem „Technology Trigger“, bei dem die Erwartungen rapide ansteigen und auf dem „Peak of Inflated Expectations“ ihren Höhepunkt erreichen. Danach fallen die Erwartungen in das „Through of Disillusionment“, es findet eine Ernüchterung der Erwartungen statt. Danach, im „Slope of Enlightenment“, steigen die Erwartungen wieder, allerdings wesentlich langsamer, bevor das Produkt oder die Technologie im „Plateau of Productivity“ einen etablierten Status erlangt. Vgl. Fenn/ Raskino (2008), S. 154.

[335] Vgl. Kapitel 2.3.5.

[336] Vgl. Weinberg (2010), S. 19.

[337] Vgl. Weinberg (2010), S. 6.

gativen Äußerungen umgeht. Ein einfaches Löschen der entsprechenden Kommentare ist keine Lösung, das wird von der Community nicht unbemerkt bleiben und die Stimmung gegen die Marke lenken.[338] Auch sollte nicht vergessen werden, dass die Benutzer von Facebook und anderen Online Communities diese Plattformen nicht primär nutzen, um sich über Marken zu informieren. Es ist wichtig, dass man der Community zuhört, ihre Bedürfnisse kennenlernt und ihre Werte versteht. Dann kann man ihnen einen echten Mehrwert bieten, den die Benutzer gerne annehmen werden. Die dabei mögliche Interaktion zwischen Marke und Konsument kann tiefe Einblicke in die Bedürfnisse der Konsumenten und Feedback aus erster Hand liefern, was Stärken und Schwächen der Marke offenbart. Verzichtet eine Marke auf diesen Dialog mit seinen Konsumenten, kann das zu Missverständnissen und daraus resultierendem Imageverlust führen. Marken wie z.B. Pril haben das eindrucksvoll vorgemacht.[339]

4.7.2 Implikationen für die Marketingforschung

Auch für die Wissenschaft lassen sich Implikationen ableiten. Begonnen wird dabei bei der Markenauthentizität. Deren Varianzaufklärung von 0,256 zeigt – wie im Vorfeld vermutet – dass es hier noch weitere, gewichtige Einflussgrößen auf die Markenauthentizität gibt. Es lassen sich bisher nur wenige empirische Studien zur Konzeptualisierung der Markenauthentizität und ihrer Determinanten finden. Dieses Forschungsfeld ist noch relativ neu.[340] Dass die Authentizität der Marke dennoch eine wichtige Rolle im Markenmanagement spielt, konnte diese Studie anhand des Einflusses der Authentizität auf das Markenvertrauen und die Markenloyalität zeigen. Es lohnt sich also, in diese Richtung weiter zu forschen, zumal die Psycho- und Soziologie mit ihrer Untersuchung der Authentizität einer Person eine gute Grundlage geschaffen haben.[341]

[338] Vgl. Weinberg (2010), S. 24 ff.
[339] Vgl. Kapitel 2.4.4.
[340] Vgl. Burmann/ Schallehn (2010), S. 10.
[341] Vgl. Burmann/ Schallehn (2008), S. 20 ff.

Desweiteren lohnt sich eine ausführlichere, analytische Betrachtung des Social Media Marketings. Dieser Trend unserer Zeit bietet dem Markenmanagement viele neue Möglichkeiten und hat das Potenzial, es nachhaltig zu beeinflussen. Die Unternehmen und Marken sind bereits dabei, diese neue Disziplin des Markenmanagements zu ergründen, empirische Studien gibt es dazu aber noch zu wenige. Praxisorientierte Studien, die bestimmte Marketingmaßnahmen im Rahmen von Social Media testen oder das Verhalten der Benutzer der Social Networks analysieren, werden sicher großen Anklang finden. Das gilt auch für Studien, die sich auf die Frage nach Social Media Portfolios konzentrieren, d.h. die herausfinden wollen, auf welchen Social Networks bestimmte Marken am besten vertreten sein sollten und ob es sinnvoll und wirtschaftlich rentabel ist, Markenauftritte auf möglichst allen Netzwerken zu pflegen. Auch der Vergleich mit alternativen Präsentationsmöglichkeiten wie Brand Communities bietet sich an.

Auf theoretischer Basis gibt es in diesem Gebiet viel zu erforschen. Die Markenauthentizität ist nur eine Größe, es sind noch viele weitere Parameter denkbar, die ein Markenauftritt bei Facebook oder anderen Online Communities beeinflussen könnten. Denkbar wäre bspw. eine Betrachtung der Markenloyalität, der Kaufbereitschaft und auch des Markenimage. Ihre durch Social Media geprägten Determinanten und deren konkrete Einflüsse könnten viele weitere Studien füllen.

Untersuchungen über die Social Networks und ihre Vermarktungspotenziale erscheinen ebenfalls sinnvoll. Wenn der Anteil der Marken, die aktiv Social Media Marketing betreiben, weiter steigt, wächst dadurch der Einfluss von Facebook o.ä. Auch das kann nachhaltige Veränderungen des Markenmanagements nach sich ziehen.

Interessant wäre auch eine detaillierter Betrachtung der bestätigten Determinanten „Konsistenz zwischen dem Facebookauftritt der Marke und dem Markenimage“ und „Individualität des Facebookauftritts“. Zu untersuchen wäre hier, wie man einen Markenauftritt gestalten kann, um diese Eigenschaften zu vermitteln.

Was die Kontinuität des Facebookauftritts angeht, so kann in einer anderen Studienform erneut ermittelt werden, ob die ein Einfluss auf die Markenauthentizität besteht. Hierzu könnte man Probanden befragen, die den Markenauftritt auf Facebook gut kennen und die detaillierte Aussagen darüber abgeben können. Da die Kontinuität ein vergangenheitsbezogenes Konstrukt ist, kann es gut sein, dass dadurch doch noch ein direkter, signifikanter Einfluss nachgewiesen werden kann.

Generell lohnt auch eine Übertragung der Untersuchung auf andere Branche. Hier wurden Fast-Moving-Consumer-Goods behandelt, ob sich die Auswirkungen eines Facebookauftritts auf die Markenauthentizität auch bei z.B. Dienstleistungen oder hochpreisigen Gütern ähnlich verhalten, ist erst noch zu untersuchen. Ebenfalls Sinn würde eine varianzanalytische Studie machen, die die Auswirkungen auch die Markenauthentizität und anderen Zielgrößen von Facebookauftritten verschiedener Marken misst. Auf diese Weise könnten die Ergebnisse dieser Studie weiter verfeinert werden.

5. Schlussbetrachtung

Das Ziel der vorliegenden Studie bestand darin, die Auswirkungen eines Markenauftritts bei Facebook auf die Authentizität der Marke zu untersuchen. Durch die gewichtige Rolle motiviert, die Social Networks im Internet einnehmen, pflegen immer mehr Unternehmen und Marken Auftritte bei solchen Netzwerken, allen voran Facebook. Der Markenführung eröffnen sich hierbei neue Möglichkeiten, gleichzeitig besteht die Gefahr, dass die Marke an Authentizität verliert, wenn ihre Social Media Aktivitäten ein falsches Bild von ihr darstellen und nicht gründlich durchdacht sind.

Auf Basis von bestehenden Theorien aus Verhaltens- und Marketingforschung sowie konzeptionellen Überlegungen wurden Determinanten der Markenauthentizität identifiziert, die dann in dem Kontext der Social Networks angewandt wurden. Die Kontinuität und die Individualität des Facebookauftritts sowie die Konsistenz zwischen dem Facebookauftritt der Marke und dem Markenimage waren die drei direkten Variablen, deren Einfluss auf die Markenauthentizität gemessen wurde. Als Einflussgröße auf die Konsistenz wurde außerdem der Facebook-Marken-Fit entwickelt, der die Kompatibilität zwischen Facebook und der im Netzwerk vertretenen Marke prüft. Auch wurden mit dem Markenvertrauen und der Markenloyalität Größen eingefügt, die als Ziele einer strategischen Markenführung dienen können. Ihre Beeinflussung durch die Markenauthentizität wurde gemessen.

Aus diesen Konstrukten entstand ein Kausalmodell, das mithilfe einer empirischen Überprüfung am Beispiel von Nutella einer Marke der Fast-Moving-Consumer-Goods validiert wurde. Dabei bestätigten sich die Konsistenz und die Individualität des Facebookauftritts als direkte Determinanten der Markenauthentizität. Der Einfluss der Kontinuität des Facebookauftritts konnte nicht bestätigt werden, dafür beeinflusste sie zusammen mit dem Facebook-Marken-Fit die Konsistenz zwischen Facebookauftritt und Markenimage. Der Konsistenz wiederum konnte ein positiver Einfluss auf die Individualität des Auftritts nachgewiesen werden. Auch konnte die Markenauthentizität als Determinante für das Markenvertrauen und diese beiden als Determinanten für die Markenloyalität bestätigt werden.

Auf Grundlage dieser Ergebnisse wurden konkrete Handlungsempfehlungen für die Markenführungen aufgestellt. Hierbei wurde betont, welch wichtige Rolle die Markenauthentizität spielt und auf welche Parameter man achten muss, damit die Authentizität im Social Media Kontext nicht verloren geht. Auch wurde die generelle Bedeutung von Social Media Marketing und von Social Networks für die Markenführung unterstrichen und Vorschläge gemacht, wie diese effektiv zu betreiben sind und wie Missverständnisse in der Kommunikation mit Konsumenten vermieden werden können.

Abschließend wurden Implikationen für weitere Forschungsmöglichkeiten gegeben. Social Media wurde hier als interessanter Forschungsbereich dargestellt, in dem es noch viele Einflüsse auf Zielgrößen wie das Kaufverhalten oder das Markenimage zu messen gibt. Es wurden auch Vorschläge gemacht, wie die in dieser Studie nicht bestätigte Determinante Kontinuität des Facebookauftritts weiter untersucht werden kann. Auch die bis dahin wenig erforschte Markenauthentizität lohnt sich für weitere Betrachtungen.

Literaturverzeichnis

AAKER, J./ DROLET, A. (1996), To thine own self be true: The meaning of "Sincerity" in brands and its impact on consumer evaluations, in: Advances in Consumer Research, Jg. 23, Ausg. 1, S. 392.

AHLSTRÖM, C./ GESPER, T. (2007), Der Erfolg von Handelsmarken: Welche Strategien die Position der Marke stärken. Ergebnisse einer umfangreichen Studie, Hamburg.

ALWELL, K. (1974), Markenartikel, Eintrag in: „Handwörterbuch der Absatzwirtschaft", Stuttgart, S. 1217-1227.

ARONSON, E./ WILSON, T./ AKERT, R. M. (2004), Sozialpsychologie, 4. Auflage, München.

BANSAL, H. S./ VOYER, P. A. (2000), Word-of-Mouth Processes within a Services Purchase Decision Context, in: Journal of Service Research, Ausg. 3, S. 166-177.

BAUER, H. H./ HUBER, F. (1997), Der Wert der Marke, Institut für Marketing, Arbeitspapier Nr. 120 der Universität Mannheim, Mannheim.

BAUMGARTH, C. (2003), Wirkungen des Co-Brandings: Erkenntnisse durch Mastertechnikpluralismus, Wiesbaden.

BAUMGARTH, C. (2008), Markenpolitik: Markenwirkungen – Markenführung – Markencontrolling, 3. Auflage, Wiesbaden.

BERGE, S./ BUESCHING, A. (2008), Strategien von Communities im Web 2.0, in: Hass, B. H./ Walsh, G./ Kilian, T. (Hrsg.), Web 2.0: Neue Perspektiven für Marketing und Medien, Koblenz, S. 23-36.

BEREKOVEN, L. (1978), Zum Verständnis und Selbstverständnis des Markenwesens, in: o. Hrsg., Markenartikel heute: Markt und Marketing, Wiesbaden.

BEREKOVEN, L./ ECKERT, W./ ELLENRIEDER, P. (2006), Marktforschung: methodische Grundlagen und praktische Anwendungen, 11. Auflage, Wiesbaden.

BICKHOFF, N./ BÖHMER, C./ EILENBERGER, G./ HANSEMANN, K.-W./ NIGGEMANN, M./ RINGLE, C. M./ SPREEMANN, K./ TJADEN, G. (2003), Mit Virtuellen Unternehmen zum Erfolg: Ein Quick-Check für Manager, Berlin.

BLEICHER, J. K. (2009), Poetik des Internets: Geschichte, Angebote und Ästhetik, Berlin.

BÖSL, F. (2009), Management von Luxusmarken im konjunkturellen Abschwung, Norderstedt.

BOTTOMORE, T. (1987), Sociology. A Guide to Problems and Literature, 3. Auflage, London.

BREITHUT, J. (2011), Pril-Wettbewerb endet im PR-Debakel, http://www.spiegel.de/netzwelt/netzpolitik/0,1518,763808,00.html, Zugriff: 08.07.2011, 10:34.

BREN, M. (2003), Wie können mit virtuellen Communities Menschen für Produkte und Dienstleistungen gewonnen werden?, Norderstedt.

BEREKOVEN, L. (1978), Zum Verständnis und Selbstverständnis des Markenwesens, in: Markenartikel heute (Hrsg.), Marke, Markt und Marketing, Schriftreihe Markt und Marketing, Wiesbaden, S. 35-48.

BRAUNSTEIN, C. (2001), Einstellungsforschung und Kundenbindung, Wiesbaden

BRUHN, M. (2004), Handbuch der Markenführung. Kompendium zum erfolgreichen Markenmanagement: Strategien, Instrumente, Erfahrungen – Band 1, 2. Auflage, Wiesbaden.

BUCHANAN, R. / GILLIES, C. (1990), Value Managed Relationships: The Key to Customer Retention and Profitability, in: European Management Journal, Ausg. 8, S. 523-526.

BUCHNER, C. (2008), Die Wirkung von Produktvielfalt auf die Markenstärke: Theoretische Überlegungen, empirische Befunde und Handlungsempfehlungen am Beispiel des Premiumsegments des Automobilmarktes, München.

BÜNTE, C. (2006), Der Marken-Optimizer: Ein integriertes Modell zur Imageoptimierung einer bestehenden Markenerweiterung unter besonderer Berücksichtigung der Familienmarke am Beispiel NIVEA und NIVEA Beauté ,Münster.

BURMANN, C./ SCHALLEHN, M. (2008), Arbeitspapier Nr. 31: Die Bedeutung der Marken-Authentizität für die Markenprofilierung, Bremen.

BURMANN, C./ SCHALLEHN, M. (2010), Arbeitspapier Nr. 44: Konzeptionalisierung von Marken-Authentizität, Bremen.

CASTELLS, M. (2005), Die Internet Galaxie: Internet, Wirtschaft und Gesellschaft, Berlin.

CHIN, W. W./ NEWSTED, P. R. (1999), Structural Equation Modeling Analysis with Small Samples Using Partial Least Squares, in: Hoyle, R. H. (Hrsg.), Statistical Strategies, for Small Sample Research, Thousand Oaks, S. 307-342.

CLAYTON, D. M. (2010), The presidential campaign of Barack Obama: A Critical Analysis of a Racially Transcendent Strategy, New York.

DIAMANTOPOULOS, A./ WINKELHOFER, H. (2001), Index Construction with Formative Indicators: An Alternative to Scale Development, in: Journal of Marketing Research, Vol. 38, S. 269-277.

DOMIZLAFF, H. (1939), Die Gewinnung des öffentlichen Vertrauens: Ein Lehrbuch der Markentechnik, Hamburg.

DOMIZLAFF, H. (1951), Die Gewinnung des öffentlichen Vertrauens: Ein Lehrbuch der Markentechnik, 2. Auflage, Hamburg.

DOMKE, R. (2008), Sonderwerbeformen – Die neuen klassischen Werbeformen der Zukunft?, Norderstedt.

ECKERT, S. (1994), Rentabilitätssteigerung durch Kundenbindung am Beispiel eines Buchclubs, St. Gallen.

EGGERT, A./ FASSOT, G. (2003), Zur Verwendung formativer und reflektiver Indikatoren in Strukturgleichungsmodellen: Ergebnisse einer Metaanalyse und Anwendungsempfehlungen, Schriftreihe Marketing, Kaiserslautern.

EINWILLER, S. (2003), Vertrauen durch Reputation im elektronischen Handel, Wiesbaden.

EISEND , M. (2003), Glaubwürdigkeit in der Marketingkommunikation, München.

ERDEM, T./ SWAIT, J. (1998), Brand equity as a signaling phenomenon, in: Journal of Consumer Psychology, Jg. 7, Ausg. 2, S. 131-158.

ESCH, F.-R. (2010), Strategie und Technik der Markenführung, 6.Auflage, München.

EXLER, S. (2008), Die Erfolgswirkung globaler Marken: Eine empirische Untersuchung unter Berücksichtigung kaufentscheidungsbezogener und individueller Einflussfaktoren, Wiesbaden.

FALLS, J. (2008), What is the ROI in Social Media, http://www.socialmediaexplorer.com/social-media-marketing/what-is-the-roi-for-social-media/, Zugriff: 07.07.2011, 10:50.

FANDERL, H. S. (2005), Prominente in der Werbung: Empirische Untersuchung zur Messung, Rezeption und Wirkung auf Basis der Markenpersönlichkeit, Wiesbaden.

FENN, J./ RASKINO, M. (2008), Mastering the Hype Cycle: How to choose the right Innovation at the right Time, Boston.

FESTINGER, L. (1957), A theory of cognitive dissonance, Stanford.

FONTAINE, F. (2011), Zum Konzept des Raums am Beispiel Facebook, Norderstedt.

FORGAS, J. P. (1999), Soziale Interaktion und Kommunikation: Eine Einführung in die Sozialpsychologie, 4. Auflage, Weinheim.

FORNELL, C./ CHA, J. (1994), Partial Least Squares, in: Bagozzi, R. P. (Hrsg.), Advanced Methods of Marketing Research, S. 52-78.

FRANKEN, S. (2007), Verhaltensorientierte Führung: Handeln, Lernen und Ethik in Unternehmen, 2. Auflage, Wiesbaden.

FRITZ, W. (2004), Internet-Marketing und Electronic Commerce: Grundlagen - Rahmenbedingungen - Instrumente, 3. Auflage, Wiesbaden.

GERKEN, G. (1994), Die fraktale Marke: Eine neue Intelligenz der Werbung, Düsseldorf/ Wien/ New York.

GEUS, P. (2005), Wirkungsgrößen der Markenführung: Entwicklung und empirische Prüfung eines verhaltenswissenschaftlichen Wirkungsmodells der Markenführung, Berlin.

GOLDMAN, R./ PAPSON, S. (1996), Sign Wars: The cluttered Landscape of Advertising, New York.

GRAYSON, K. (1996), Special Session Summary – Real Things: The symbolic value of genuine products and brands, in: Advances in Consumer Research, Jg. 23, Ausg. 1, S. 390-393.

GRAYSON, K./ MARTINEC, R. (2004), Consumer Perceptions of Iconicity and Indexicality and Their Influence on Assessments of Authentic Market Offerings, in: Journal of Consumer Research, Ausg. 31, S.298-312.

HALEK, P. (2009), Die Marke lebt! Das All Brand Concept: Die Marke als Kern nachhaltiger Organisationsführung, Wien.

HAMANN, R. B. (2000), Computernetzwerke als verbindendes Element von Gemeinschaftsnetzen, in: Thiedeke, U. (Hrsg.), Virtuelle Gruppen – Charakteristika und Problemdimensionen, Wiesbaden, S. 221-243.

HANSEN, U. (1970), Der Markenartikel: Analyse seiner Entwicklung und Stellung im Rahmen des Markenwesens, Berlin.

HARTLEB, V. (2009), Brand Community Management: Eine empirische Analyse am Beispiel der Automobilbranche, Wiesbaden.

HEIDER, F. (1958), The psychology of interpersonal relations, New York.

HERMES, V. (2011), Wer führt die Marke?, in: Absatzwirtschaft Marken, Sonderausgabe zum Marken-Award 2011, S. 34-40.

HERRMANN, A./HUBER, F. (2009), Produktmanagement: Grundlagen – Methoden – Beispiele, 2. Auflage, Wiesbaden.

HETTLER, U. (2010), Social Media Marketing: Marketing mit Blogs, Sozialen Netzwerken und weiteren Anwendungen des Web 2.0 , Oldenburg.

HEYMANN-REDER, D. (2011), Social Media Marketing: Erfolgreiche Strategien für Sie und Ihr Unternehmen, München.

HINTERBERGER, F. (2008), Physik der Teilchenbeschleuniger und Ionenoptik , Berlin – Heidelberg.

HOFFMANN, S. (2011), Social Media Nutzerzahlen und Trends in Deutschland Q2/2011, http://www.socialmedia-blog.de/2011/05/social-media-nutzerzahlen-deutschland---2011/, Zugriff: 05.07.2011, 10:02.

HOHMEYER, K. (2011), Vorsicht Nepp!, Freiburg.

HOMBURG, C./ BAUMGARTNER, H. (1998), Beurteilung von Kausalmodellen: Bestandsaufnahme und Anwendungsempfehlungen, in: Hildebrandt, L./ Homburg, C. (Hrsg.), Die Kausalanalyse: ein Instrument der betriebswirtschaftlichen Forschung, Stuttgart, S. 15-43.

HOMBURG, S./ HILDEBRANDT, L. (1998), Die Kausalanalyse: Bestandsaufnahme, Entwicklungsrichtung, Problemfelder, in: Hildebrandt, L./ Homburg, C. (Hrsg.), Die Kausalanalyse: ein Instrument der betriebswirtschaftlichen Forschung, Stuttgart, S. 15-43.

HOMBURG, C./ PFLESSER, C. (2000), Strukturgleichungsmodelle mit latenten Variablen: Kausalanalyse, in: Herrmann, A./ Homburg, C. (Hrsg.), Marktforschung: Methoden, Anwendungen, Praxisbeispiele, Wiesbaden, S. 633-659.

http://de-de.facebook.com/axe?sk=app_11007063052, Facebook: Axe – Axe Excite, Zugriff: 07.07.2011, 19:39.

http://www.facebook.com/cocacola?v=app_161193133389, Facebook, Coca-Cola, Zugriff: 07.07.2011, 20:14.

http://www.facebook.com/girosuchthero?sk=app_217636824918534, Facebook: Giro sucht Hero, Zugriff: 07.07.2011, 19:44.

http://www.facebook.com/haribo?sk=app_349422026218, Facebook: HARIBO Deutschland – Geschenke-App, Zugriff: 07.07.2011, 19:40.

http://www.facebook.com/nutelladeutschland?sk=app_123839724361582, Facebook: Nutella Deutschland – Frühstückstisch, Zugriff: 17.07.2011, 21:52.

http://de-de.facebook.com/nutelladeutschland?sk=app_2392950137, Facebook: Nutella Deutschland – Video, Zugriff: 07.07.2011, 19:24.

http://www.facebook.com/redbull?sk=app_9279253524, Facebook: Red Bull – Games, Zugriff: 07.07.2011, 19:30.

http://www.facebookbiz.de/artikel/700-mio-facebook-nutzer-weltweit-20-mio-in-deutschland, FacebookBiz: „700 Mio. Facebook Nutzer weltweit & 20 Mio. in Deutschland", Zugriff: 06.07.2011, 11:39.

http://www.internetworld.de/Nachrichten/Medien/Zahlen-Studien/Soziale-Netzwerke-in-Deutschland-Facebook-dominiert-58044.html, Internet World Business: „Facebook dominiert: Soziale Netzwerke in Deutschland", Zugriff: 06.07.2011, 11:30.

http://www.internetworld.de/Nachrichten/E-Commerce/Zahlen-Studien/Studie-zur-Zukunft-des-E-Commerce-Empfehlen-und-spielen-57092.html, Internet World Business: „Empfehlen und spielen: Studie zur Zukunft des E-Commerce", Zugriff: 05.07.2011, 09:35.

http://www.ferrero.de/historie/, Ferrero Historie, Zugriff: 17.07.2011, 21:03.

http://www.w3b.org/web-20/an-facebook-fuhrt-kein-weg-mehr-vorbei.html, Fittkau & Maaß Consulting: „An Facebook führt kein Weg vorbei", Zugriff: 06.07.2011, 11:54.

http://www.zeit.de/2011/11/Soziale-Netzwerke-Demokratie, Zeit Online: Facebookratie, Zugriff: 10.07.2011, 12:31.

HUBER, F. (2004), Erfolgsfaktoren von Markenallianzen: Analyse aus der Sicht des strategischen Markenmanagements, Wiesbaden.

HUBER, F./ HERRMANN, A./ KRESSMANN, F./ VOLLHARDT, K. (2005), Zur Eignung von kovarianz- und varianzbasierten Verfahren zur Schätzung komplexer Strukturgleichungsmodelle, Wissenschaftliche Arbeitspapiere: M1, Universität Mainz.

HUBER, F./ MATTHES, I./ DRECKMEIER, L./ SCHUNK, H. (2008), Erfolgsfaktoren des Sportsponsorings bei Großereignissen. Eine empirische Untersuchung, Wiesbaden.

HUBER, F./ REGIER, S./ KISSEL, P. (2009), Kunden zu Fans machen: Markenloyalität in virtuellen Brand Communities, Lohmar.

HUBER, J.-A. (2005), Co-Branding als Strategieoption der Markenpolitik, Wiesbaden.

HÜTTNER, M. (1997), Grundzüge der Marktforschung, 5. Auflage, München – Wien.

JACOBY, J./ CHESTNUT, R. (1978), Brand Loyalty – Measurement and Management, New York.

JENNER, T. (2007), Bedeutung der Marken-Authentizität für den Markenerfolg, in: Wissenschaftliches Studium, Ausg. 6, S. 289-294.

JOST, P.-J. (2008), Organisation und Motivation: Eine ökonomisch-psychologische Einführung, 2. Auflage, Wiesbaden.

JOST-BENZ, M. (2009), Identitätsbasierte Markenbewertung: Grundlagen, theoretische Konzeptualisierung und praktische Anwendung am Beispiel einer Technologie, Wiesbaden.

KAHNEY, L. (2008), Steve Jobs' kleines Weißbuch: Die bahnbrechenden Managementprinzipien eines Revolutionärs, München.

KALISCH, E. (2000), Aspekte einer Begriffs- und Problemgeschichte von Authentizität und Darstellung, in: Fischer-Lichte, E./ Pflug, I. (Hrsg.), Inszenierung von Authentizität, Tübingen, S. 31-44.

KAPFERER, J.-N. (1992), Die Marke: Kapital des Unternehmens, Landsberg/ Lech.

KARAGAH, A. (2010), Untersuchung der Rolle von sozialen Netzwerken für die Personalbeschaffung, Norderstedt.

KELLER, K. L./ AAKER, D. A. (1992), The effects of sequential introduction of brand extensions, in: Journal of Marketing Research, Ausg. 29, S. 35-50.

KELLEY, H. H. (1973), The process of causal attribution, in: American Psychologist, Jg. 28, S. 107-128.

KENNING, P. (2002), Customer Trust Management: Ein Beitrag zum Vertrauensmanagement im Lebensmitteleinzelhandel, Wiesbaden.

KILIAN, K. (2007), Multisensuales Markendesign als Basis ganzheitlicher Markenkommunikation, in: Florack, A., Scarabis, M., Primosch, E. (Hrsg), Psychologie der Markenführung, München, S. 307-340.

KIM, A. Y. (2001), Community Building, Bonn.

KIMBLE, G. A., WERTHEIM, M. (2002), Portraits of Pioneers in Psychology – Volume 4, Washington, DC.

KIRBY, J./ MARSDEN, P. (2006), Connected marketing: the viral, buzz and word of mouth revolution, Burlington.

KNEIDINGER, B. (2010), Facebook und Co.: Eine soziologische Analyse von Interaktionsformen in Online Social Networks, Wiesbaden.

KOCH, B./ PFEIFFER, T. (2011), Social Media: Wie Sie mit Twitter, Facebook und Co. Ihren Kunden näher kommen, München.

KOCH, M./ RICHTER, A. (2009), Enterprise 2.0: Planung, Einführung und erfolgreicher Einsatz von Social Software in Unternehmen, 2. Auflage, München.

KOERS, M. (2001), Steuerrung von Markenportfolios: ein Beitrag zum Mehrmarkencontrolling am Beispiel der Automobilwirtschaft, Frankfurt am Main.

KÖNIG, A. (2011), Social Media Ranking der Dax 30-Konzerne, http://www.cio.de/strategien/analysen/2277744/index2.html, Zugriff: 07.07.2011, 21:32.

KOTLER, P. / BLIEMEL, F. (1995), Marketing Management: Analyse, Planung, Umsetzung und Steuerung, 8. Auflage, Stuttgart.

KROEBER-RIEL, W./ WEINBERG, P. (2003), Konsumentenverhalten, 8. Auflage, München.

KROEBER-RIEL, W./ WEINBERG, P./ GRÖPPEL-KLEIN, A. (2009), Konsumentenverhalten, 9. Auflage, München.

LALWANI, D. U.A. (2010), Mobile Marketing durch Markenallianzen stärken: Eine empirische Studie zur Identifikation von Erfolgsdeterminanten, Köln.

LAUDON, K. C./ LAUDON, J. P./ SCHODER, D. (2010), Wirtschaftsinformatik: Eine Einführung, 2. Auflage, München.

LEFRANÇOIS, G. R. (1994), Psychologie des Lernens, 3. Auflage, Berlin, Heidelberg, New York.

LINXWEILER, R. (2004), Marken-Design: Marken entwickeln, Markenstrategien erfolgreich umsetzen, 2. Auflage, Wiesbaden.

LOHMÖLLER, J. B. (1989), Latent Variable Path Modeling with Partial Least Squares, Heidelberg.

LÜPPENS, M. (2006), Der Markendiamant: Marken richtig vermarkten; mit Fallbeispielen: Bosch - Maurice Lacroix - Nestlé - Opel - Sparkassen Finanzgruppe - Tetra Pak, Wiesbaden.

MATTHES, I. (2009), Soziales Engagement von Unternehmen: Wirkungsprozesse, Erfolgsdeterminanten und Konsequenzen für den Markenwert, Wiesbaden.

MAYER, D. (2009), Wechselverhalten von industriellen Nachfragern: Empirische Untersuchung der Markenbindung im Industriegüterbereich, Wiesbaden.

MEFFERT, H. (2000), Marketing: Grundlagen marktorientierter Unternehmensführung – Konzepte, Instrumente, Beispiele, 9. Auflage, Wiesbaden.

MEFFERT, H./ BURMANN, C. (1996a), Identitätsorientierte Markenführung – Grundlagen für das Management von Markenportfolios, Arbeitspapier Nr. 100 der Wissenschaftlichen Gesellschaft für Marketing und Unternehmensführung e.V., Meffert, H./ Wagner, H./ Backhaus, K. (Hrsg.), Münster.

MEFFERT, H./ BURMANN, C. (1996b), Identitätsorientierte Markenführung, in: Markenartikel, Jg. 58 (1996), Heft 8, S. 373-380.

MEFFERT, H./ BURMANN, C. (2005), Wandel in der Markenführung: vom instrumentellen zum identitätsorientierten Markenverständnis, in: Meffert, H./ Burmann, C./ Koers, M. (Hrsg.), Markenmanagement, 2. Auflage, Wiesbaden, S. 20-36.

MEFFERT, H./ BURMANN, C./ KIRCHGEORG, M. (2008), Marketing: Grundlagen marktorientierter Unternehmensführung, 10. Auflage, Wiesbaden.

MELLEROWICZ, K. (1963), Markenartikel, 2. Auflage, München.

MERCER, D. (2002), Das E-Marketing-Praxisbuch: Was Sie über Online-Marketing wissen müssen, Weinheim.

MERTEN, K. (2003), Der Begriff der Marke in kommunikationstheoretischer Perspektive, in: Markenartikel, Jg. 65, Heft 3, S. 10-17.

MISOCH, S. (2004), Identitäten im Internet: Selbstdarstellung auf privaten Homepages, Konstanz.

MITCHELL, J. C. (1969), The Concept and Use of Social Networks, in: Michell, J. C. (Hrsg.), Social Networks in Urban Situations – Analysis of Personal Relationships in Central African Towns, Manchester.

MÖLL, T. (2007), Messung und Wirkung von Markenemotionen: Neuromarketing als neuer verhaltenswissenschaftlicher Ansatz, Wiesbaden.

MORGAN, R. M./ HUNT, S. D. (1994), The commitment-trust theory of relationship marketing, in: Journal of Marketing, Jg. 58, Ausg. 3, S. 20-38.

MORLEY, D./ PARKER, C. S. (2009), Understanding Computers Today and Tomorrow, 12. Auflage, Boston.

MÜLLER, B. (2007), Porters Konzept generischer Wettbewerbsstrategien: Präzisierung und empirische Überprüfung, Wiesbaden.

MÜLLER, S./ WÜNSCHMANN, S. (2004), Markenvertrauen: aktueller Stand der Forschung und empirische Untersuchung am Beispiel der Automobilbranche, Frankfurt.

MUNCY, J. A. (1996), Measuring Perceived Brand Parity, in: Advances in Consumer Research, Bd. 23, S. 411-417.

NANITZ, T. (2009), Private Daten im Web 2.0, Norderstedt.

NERDINGER, F. W. (2008), Grundlagen des Verhaltens in Organisationen, 2. Auflage, Stuttgart.

NEUMANN, G. (2000), Erzähl-Theater: Inszenierte Authentizität in Brechts kleiner Prosa, in: Fischer-Lichte, E./ Pflug, I. (Hrsg.), Inszenierung von Authentizität, Tübingen, Basel, Francke, S. 93-108.

NIESCHLAG, R./ DICHTL, E./ HÖRSCHGEN, H. (2002), Marketing, 19. Auflage, Berlin.

O'REILLY, T. (2005), What Is Web 2.0, http://oreilly.com/web2/archive/what-is-web-20.html, Zugriff: 03.07.2011, 14:52.

OLIVER, R. L. (1999), Whence Consumer Loyalty?, in: Journal of Marketing, Ausg. 63, S. 33-44.

PANKOV, D. (2008), Die Gründe für das Streben und den Weggang aus Online-Gemein-schaften des russischsprachigen Internet in eine „reale“ Unterhaltung – Back in reality: Dreaming of being offline, Norderstedt.

PERVIN, L. A./ CERVONE D./ JOHN, O. P. (2005), Persönlichkeitstheorien, 5. Auflage, München.

PETERS, M. L. (2008), Vertrauen in Wertschöpfungspartnerschaften zum Transfer von retentivem Wissen, Wiesbaden.

PIEHLER, R. (2011), Interne Markenführung: Theoretisches Konzept und fallstudienbasierte Evidenz, Wiesbaden.

PREININGER, N. (2010), Markenkooperationen: Erfolgsfaktoren, Implementierung und Management, Lohmar – Köln.

RAAB, G./ UNGER, F. (2005), Marktpsychologie – Grundlagen und Anwendungen, 2. Auflage, Wiesbaden.

RECHENBERG, P./ POMBERGER, G. (2006), Informatik-Handbuch, 4.Auflage, München.

REICHHELD, F. F. (1993), Loyalty-Based Management, in Harvard Business Review, Ausg. 71, S. 64-73.

RICHTER, M. (2007), Markenbedeutung und –management im Industriegüterbereich: Einflussfaktoren, Gestaltung, Erfolgsauswirkungen, Wiesbaden.

RIEKHOF, H.-C. (2010), Customer Insights: Wissen wie der Kunde tickt – Mehr Erfolg durch Markt-Wirkungsmodelle , Wiesbaden.

RIESENBECK, H., PERREY, J. (2005), Mega-Macht Marke: Erfolg messen, machen, managen, 2. Auflage, Heidelberg.

RINGLE, M. (2004), Messung von Kausalmethoden, Arbeitsblatt Nr. 14 des Instituts für Industriebetriebslehre und Organisation an der Universität Hamburg, Hamburg.

RINGLE, T. (2006), Strategische identitätsorientierte Markenführung, Wiesbaden.

SANDER, M. (1994), Die Bestimmung und Steuerung des Wertes einer Marke: Eine Analyse aus Sicht des Markeninhabers, Heidelberg.

SCHILLIGER, R. (2010), Faszination Facebook: So fern und doch so nah – Psychosoziale Motivatoren für die aktive Partizipation bei Social Networking Sites, Hamburg.

SCHINDLER, M,-C./ LILLER, T. (2011), PR im Social Web: Das Handbuch für Kommunikationsprofis, Köln.

SCHLÜTER, T./ MÜNZ, M. (2010), 30 Minuten: Twitter, Facebook, Xing & Co, Offenbach.

SCHOMMERS, F. M. (2009), Web 2.0 und Social Software: Potenziale für das Geschäftsprozessmanagement, Hamburg.

SCHUBERT, H. (2008), Netzwerkmanagement: Koordination von professionellen Vernetzungen – Grundlagen und Beispiele, Wiesbaden.

SCHULTZ, T. (2003), Alles inszeniert und nichts authentisch? Visuelle Kommunikation in den vielschichtigen Kontexten von Inszenierung und Authentizität, in: Kneiper, T./ Müller, M. G. (Hrsg.), Authentizität und Inszenierung von Bilderwelten, Köln, S. 10-24.

SCHWINDT, A. (2010), Das Facebook-Buch ,Köln.

SIEPER, H. (2008), Investieren in Afrika: Profitieren auch Sie vom Reichtum des Schwarzen Kontinents, München.

SIMONIN, B. L./ RUTH, J. A. (1998), Is a company known by the company it keeps?, in: Journal of Marketing Research, Jg. 35, Ausg. 1, S. 35-42.

STAUSS, B. (1999), Beschwerdemanagement als Instrument der Kundenbindung, in: Hinterhuber, H. H./ Matzler, K. (Hrsg.), Kundenorientierte Unternehmensführung, Wiesbaden, S. 219-238.

STERN, B. (1996), Clarifying the construct: What is authenticity, in: Advances in Consumer Research, Jg. 23, Ausg. 1, S. 392-393.

STROEBE, W./ JONAS, K./ HEWSTONE, M. R. C. (2003), Sozialpsychologie: Eine Einführung, 4. Auflage, Berlin, Heidelberg.

STOYENKO, I. (2010), Marketing-Mix und Psychologie: Die Lerntheorie im Einsatz, Hamburg.

STURM, H.-J. (2011), Markenfit und Markenwirkung: Theoretische Modellierung, methodische Validierung und empirische Befunde, Wiesbaden.

THIEDEKE, U. (2000), Virtuelle Gruppen: Begriff und Charakteristik, in: Thiedeke, U. (Hrsg.), Virtuelle Gruppen – Charakteristika und Problemdimensionen, Wiesbaden, S. 23-67.

TÖPFER, A. (2008), Handbuch Kundenmanagement: Anforderungen, Prozesse Zufriedenheit, Bindung und Wert von Kindern, 3. Auflage, Berlin – Heidelberg.

TREFRY, G. (2010), Casual Game Design: Designing Play for the Gamer in ALL of US, Burlington.

UTZ, S. (1999), Soziale Identifikation mit virtuellen Gemeinschaften: Bedingungen und Konsequenzen, Lengerich u.a.

VILMAR, A. (2006), Markenkooperationen – Kooperationsmarketing, Bonn.

VOGEL, J./ HUBER, F. (2007), Co-Branding: Markenstrategie der Zukunft – Eine empirische Studie der Markeneffekte beim Co-Branding, Lohmar – Köln.

VON ROHR, M. (2011), Die Revolution, die keine war, http://www.spiegel.de/spiegel/0,1518,742430-3,00.html, Zugriff: 10.07.2011, 12:21.

WEBER, M. (2010), Starke Marken: Verbindung von betriebswirtschaftlichen und psychologischen Faktoren als Erfolgsgarant, Hamburg.

WEINBERG, T. (2010), Social Media Marketing: Strategien für Twitter, Facebook & Co, Köln.

WEISMAN, S. (2008), The truth about avoiding scams, New Jersey.

WEYAND, C. (2002), Internet in der Altenpflege: Nutzungsmöglichkeiten für Senioren und Mitarbeiter, München – Jena.

WIEDERHOLD, J. (2009), Authenticity sells: Verkaufserfolg und die Rolle des ersten authentischen Eindrucks eines Verkäufers, Norderstedt.

WISWEDE, G. (1995), Einführung in die Wirtschaftspsychologie, München.

WOLD, H. (1980), Model Construction and Evaluation when Theoretical Knowledge is Scare: Theory and Application of Partial Least Squares, in Kmenta, J./ Ramsey, J. B. (Hrsg.), Evaluation of econometric models, New York, S. 47 ff.

ZARRELLA, D. (2010), Das Social Media Marketing Buch, Köln.

ZARRELLA, D./ ZARRELLA, A. (2011), Das Facebook Marketing Buch, Köln.

ZATLOUKAL, G. (2002), Erfolgsfaktoren von Markentransfers, Wiesbaden.

ZELLER, C. (2010), Ästhetik des Authentischen: Literatur und Kunst um 1970, Göttingen.

ZEPLIN, S. (2006), Innengerichtetes identitätsbasiertes Markenmanagement, Wiesbaden.

MARKETING, IT UND SOCIAL MEDIA

Herausgegeben von Prof. Dr. Stefanie Regier, Karlsruhe

Band 1
Patrick Akira Wisotzky
Digitale Kundenbindung
Lohmar – Köln 2001 • 138 S. • € 29,- (D) • ISBN 3-89012-918-8

Band 2
Barbara Fendt/Nora Bergfried
Virtuelle Marktplätze in der Textil- und Bekleidungsindustrie
– Eine Analyse ausgewählter B2B-Plattformen
Lohmar – Köln 2002 • 180 S. • € 37,- (D) • ISBN 3-89012-936-6

Band 3
Oliver Kübler
Ein Telekommunikationsanbieter als Servicedienstleister im B2B – Entwicklung neuer Dienstleistungsangebote am Beispiel der ISIS Multimedia Net GmbH
Lohmar – Köln 2002 • 144 S. • € 32,- (D) • ISBN 3-89012-944-7

Band 4
Jörn Schrödter
Kundenbindung im Internet
Lohmar – Köln 2003 • 120 S. • € 32,- (D) • ISBN 3-89936-069-9

Band 5
Kevin Krüger und Stefanie Regier
Marken in Social Networks – Eine empirische Untersuchung im Konsumgüterbereich
Lohmar – Köln 2012 • 148 S. • € 43,- (D) • ISBN 978-3-8441-0123-2